制造业先进技术系列

多工位冷镦机
——原理、构造与控制

刘永华　杨超珍　徐家峰　邵　磊　著
思进智能成形装备股份有限公司　李忠明　审

机 械 工 业 出 版 社

本书从实用的角度出发，注重理论联系实际，通过来自生产一线的丰富案例，完整系统地介绍了多工位冷镦机的典型结构、工作原理和相应的控制技术。

全书共分为 10 章，内容包括绪论、传动系统 、曲轴滑块机构、坯料整备系统、夹钳传送机构、成形系统、润滑和冷却系统、气动系统、电气控制系统、冷镦设备的新技术和新工艺，可满足冷镦行业从业人员快速掌握冷镦机基本知识的需求。

本书可供多工位冷镦机领域的科研人员、工程技术人员、管理人员使用，或作为相关人员的培训教材，也可供高等院校相关专业的师生参考。

图书在版编目（CIP）数据

多工位冷镦机 ：原理、构造与控制 / 刘永华等著. 北京 ：机械工业出版社，2025. 6. -- (制造业先进技术系列). -- ISBN 978-7-111-78414-2

I. TG385.1

中国国家版本馆CIP数据核字第2025X0C106号

机械工业出版社（北京市百万庄大街22号 邮政编码100037）

策划编辑：孔 劲 责任编辑：孔 劲 卜旭东

责任校对：韩佳欣 李小宝 封面设计：马精明

责任印制：张 博

北京机工印刷厂有限公司印刷

2025年7月第1版第1次印刷

169mm × 239mm • 11.5印张 • 198千字

标准书号：ISBN 978-7-111-78414-2

定价：79.00 元

电话服务	网络服务
客服电话：010-88361066	机 工 官 网：www.cmpbook.com
010-88379833	机 工 官 博：weibo.com/cmp1952
010-68326294	金 书 网：www.golden-book.com
封底无防伪标均为盗版	机工教育服务网：www.cmpedu.com

序

多工位高速自动冷成形装备（行业内也常简称为“冷镦机”“冷镦成形装备”“冷成形机”“冷成形装备”）属于锻压机械的自动锻压（成形）机中的一个子类，设备功能多样，可进行自动下料、连续镦锻，直至完成零件的加工，是实现少/无屑加工的重要设备，生产率高，结构复杂。冷镦成形装备的发展方向与其他设备一样，进一步朝着大功率、多工位、大直径、高精度和高生产率的方向发展。冷镦成形装备是传统意义上制造螺钉的重要工作母机，是大批量制造高强度紧固件和异形件的通用设备。

本书较为系统地阐述了冷镦成形装备的结构、工作原理与关键技术，具有以下特点：

(1) 实用性强　本书所用的结构图样来自作者公司正在生产的典型结构，经过了实际应用和检验，结构完整、标注详细、机构成熟可靠，对从事冷镦机设计和制造的科技人员有着很高的参考价值和指导作用。

(2) 内容丰富　本书介绍了冷镦成形装备的各个组成部分，从机械系统、冷却润滑系统到控制系统，方便同行参考和使用，也有助于读者系统全面地掌握冷镦成形装备的整体结构、组成及其工作原理。

(3) 层次清晰　本书以动力流和材料流两条主线划分机械部分的组成，各部分结构和功能划分清楚，作用和机构明确，各部分联系紧密，方便读者阅读和理解。

(4) 简明扼要　本书用精简的篇幅，系统地论述冷镦成形装备的整体结构，层次清晰，概念清楚，表达准确，循序渐进，通俗易懂。

本书的出版，在一定程度上可以满足当前冷镦成形装备产品开发的迫切需要，相信会得到广大读者的欢迎，对提高科研人员的设计能力和技术水平将起到积极的推动和促进作用。

由企业出版技术专著，开创技术交流的平台，我相信通过同行的共同努力，携手前进，将加快我国冷镦成形装备的技术创新和技术进步，为冷镦成形行业带来更加光明的前途。

祝作者所在的思进智能成形装备股份有限公司和冷镦成形行业的各位同仁在装备研制中取得更大的成绩，为我国冷镦成形行业的进步做出更大的贡献。

中国工程院院士
浙江大学教授

前　言

随着制造业自动化技术研究的不断深入，近年来我国的冷镦成形工业也得到迅速发展，广泛应用冷镦成形设备来制造各类标准件和各种需要大批量生产的零件。由于制造业的市场需求不断扩大，促使多工位冷镦机的生产企业和使用企业的数量急剧增加，急需设计制造和操作应用的各类技术人才。

为了满足冷镦行业从业人员快速、完整地掌握冷镦机的基本知识，本书系统地介绍了多工位冷镦机各组成部分的基本结构和工作原理，可供冷镦机领域的科研人员、工程技术人员及相关的应用和管理人员学习使用，也可供高等院校相关专业的师生参考。

在整个锻压成形设备中，冷镦成形设备并非主流设备，位居次要地位，在专业书籍和相关手册中，有关冷镦成形设备的论述并不完整，且篇幅较少。本书的出版，缓解了我国多工位冷镦机技术专业书籍数量不足的现状。

本书共分为 10 章。绪论部分重点介绍我国冷镦设备的发展过程和现状，作者查阅了国内相关的学术论文和技术文献，由于资料不多，反映的情况并不全面；关于国外在冷镦设备的发展过程、研究现状和产品结构，查阅了知名企业的网站，由于各方面的原因，获得的技术信息非常有限。因此，绪论部分的综述自然不够全面、系统，敬请读者谅解。在绪论和第 10 章中查阅了相关参考文献和企业网站，引用了相关的数据、图片和结构，在此向这些作者和企业表示感谢。本书其他章节使用的结构图，均来自思进智能成形装备股份有限公司（简称思进智能）生产的现有机型。

本书由刘永华、杨超珍、徐家峰、邵磊共同撰写。

全书由杨超珍统稿，李忠明主审。本书的写作过程经过集体的共同讨论和认真思考，内容编排上方便读者自主学习，以快速掌握冷镦机的知识和组成结构为重点，内容体系符合人们的认知规律。本书摒弃冷镦机以部件划分的认知方法，从动力传递、材料流动和成形流程三个方面进行系统描述。以第 2 章传动系统、第 3 章曲轴滑块机构、第 4 章坯料整备系统（校直和剪切）、第 5 章夹钳传送机构、第 6 章成形系统（动、定模及顶出机构）章节的内容阐述了冷镦机的机械系统；第 7 章润滑和冷却系统、第 8 章气动系统、第 9 章电气控制系统，有针对性地介绍了相应系统的典型结构和工作原理；第 10 章冷镦设备的新技术和新工艺，简单介绍了国内外在冷镦机上采用的新型结构、工艺方案和控制技术。本书的重点是机械系统，其他部分不同企业采用的技术方案不同，只介绍典型的组成部分和结构。由于本书创作时间比较紧张，加之技术上的保密要求和知识产权的保护，相关产品技术资料的广泛搜集相当困难，本书中冷镦机的结构图片均采用思进智能生产中的正式图样，结构上具有典型性和代表性，但不一定具有先进性。

作者撰写本书是一种新的尝试，主要目的是通过冷镦成形设备的整体介绍，与从事冷镦成形装备相关工作的同行和用户分享思进智能 20 多年设计、制造冷镦成形设备的技术和经验，为从事冷镦成形装备设计、制造和应用的工程技术人员提供技术帮助。

尽管作者精心组织撰写，但限于作者的水平和经验，书中难免有不足之处，恳请各位专家和读者不吝批评指正，待本书再版时对相关内容进行更好的修改、完善、充实和提高。

借本书正式出版之际，谨向为本书的撰写、出版给予关心、支持和提供宝贵建议的思进智能成形装备股份有限公司各级领导、研发中心技术人员，机械工业出版社等有关单位和各方人士表示衷心感谢。

作　者

目录

第1章 绪论

1

1.1 概述

1.1.1 冷镦机的发展过程

世界上最早的冷镦机要追溯到20世纪30年代，第二次世界大战前夕，德国制造了第一台冷镦机，将冷镦生产应用于军工领域，其主要用途是制造弹壳，提高生产率，保证军用产品的生产需要。同时，苏联也进行了冷镦工艺和冷镦装备的研制，并于1935年研制出第一台螺钉成形-搓丝联合一体机。在20世纪40年代，德国和苏联都制造出多工位冷镦机。

紧接着，欧美工业发达国家，如美国、意大利、英国、荷兰、比利时等也进行了冷镦工艺和冷镦机的研制。冷镦机从最初的单击自动冷镦机，朝着高速双击整模自动冷镦机、三冲头两凹模自动冷镦机、单工位冷镦机、二工位冷镦机及多工位冷镦机的方向发展，经历了一个相对漫长的历史时期。

20世纪五六十年代，是第二次世界大战后的生产恢复和经济增长的历史阶段，也是单工位冷镦机向多工位冷镦机蓬勃发展、多工位冷镦机向着高速化和大型化方向发展的时期。这一时期涌现出大批冷镦机制造企业，美国National Machinery公司和Waterbury公司、联邦德国的Peltzer&Ehlers公司和Malmedie公司、荷兰的Nedschroef公司、瑞士的Hatebur公司等著名生产企业，对整个冷镦机产业产生了深远的影响，其中影响最大的是美国National Machinery公司制造的冷镦机，可加工线材的最大直径为34mm，切断最大长度为310mm，加工零件最大质量为3kg，电动机功率为225kW，机重230t。

伴随着日本汽车制造业的高速发展，阪村机械制作所、大隈株式会社、吉原自动机等公司在冷镦机制造业快速成长，尤其是阪村机械制作所的冷镦机产品随后带动了我国台湾的冷镦机的设计和制造，对大陆后来的冷镦机产业发展也产生较大的影响。

在此期间，冷镦机的结构型式和工艺特点已基本成形。随着电子、电动机、计算机技术和控制技术的发展，后期的冷镦机产品以提高产品质量、扩大冷镦机的工艺范围，满足各种复杂零件的加工工艺要求，提高生产率为主要目标。

目前，美国 National Machinery 公司是世界公认的冷成形设备的设计、开发、制造方面的先行者，其最近研发的 FXP85XL 型冷镦机成形力达 550tf（约 5390kN），切料直径达 48mm，出料长度达 360mm。日本的阪村机械制作所新推出的世界最大的 BPF1300SSL 型六工位冷镦机，切断线材直径达 51mm，出料长度达 450mm，产生的镦锻力达 13000kN。瑞士 HATEBUR 公司 BKA 系列金属冷镦机的成形零件最大直径为 28～64mm，切断直径为 14～36mm，最高生产率为 150 件/min。

总体而言，我国的冷镦机发展比较缓慢，时至今日，我国冷镦机的整体水平与世界先进水平比较，仍存在较大的差距。

我国是自 20 世纪 50 年代末从苏联引进冷镦成形设备开始应用冷镦成形技术制造紧固件及异形件的。

在冷镦机研制和生产方面，20 世纪我国主要是由国有企业来完成的。作为国有企业机床行业“十八罗汉”之一的齐齐哈尔第二机床厂取得了很大的成绩，创造了数个第一。1958 年，齐齐哈尔第二机床厂成功制造出我国第一台 82BA 型自动冷镦机；1972 年成功研制出我国第一台自动冷镦道钉机；1987 年研制出的我国第一台生产率可达 600 球/min 的 ZG328 型高速钢球自动冷墩机通过部级鉴定，投入批量生产。

与此同时，为解决生产中的技术问题、提高生产率、降低制造成本，我国的紧固件生产企业与科研院所合作研制或自行进行了一些冷镦机试制工作，主要成果有：1967 年天津标准件厂和第一机械工业部铸造锻压机械研究所合作研制 6mm 高速自动冷镦机，1968 年完成设计，于 1970 年试制成功；1968 年上海螺帽五厂设计制造了 M4 螺母立式多工位自动冷镦机；1969 年上海市标准件公司组织设计制造 Z47-12 型螺栓多工位自动冷镦机，生产率提高 6 倍多，材料利用率达到 90%左右；1972 年胶县锻压机械厂 Z32-28 型 28mm 钢球自动冷墩机试制成功；由第一机械工业部济南铸造锻压机械研究所设计的 Z41-12A 型卧式螺母冷镦机，在天津市标准件机床修造厂试制成功，并于1981年8月进行了鉴定；1982年，上海市标准件研究所和上海标准件三厂联合设计了5Z41-24型5工位自动冷镦机，并由上海标准件机械厂制造成功；1988年，上海标准件公司组织设计并成功制造了ZM5-500型新型多工位自动冷镦机。

改革开放的逐步深入和体制的变革带来了新技术、新工艺和新装备，改变了国有企业在冷镦装备研制中的主导地位，也带动了我国民营企业投身冷镦机产业。

我国快速增长的冷镦成形装备市场需求，以及良好的投资收益预期，吸引了众多知名企业以独资或合资方式在大陆投资建厂。在冷镦机行业，最早进入大陆的是我国台湾企业，浙江友信机械工业有限公司系台湾连翔工业股份有限公司和友汇机械股份有限公司于1997年在浙江省嘉善县投资组建的台商独资企业，主要生产螺栓冷镦机、螺母冷镦机、零件冷镦机、攻牙机等各类机械，生产各类标准件及非标异形件；台湾春日机械工业股份有限公司设立的台商独资股份公司——上海春日机械工业有限公司于1998年在上海建厂，1999年6月建成投产，是一家专业设计制造用于紧固件和其他异形金属零件成形用冷镦机、螺纹搓丝机等设备和模具的制造商。

我国台湾冷镦机产品借鉴了日本的冷镦机技术，并在此基础上进行改进，提高了实用性和性价比，以其实用、价廉的优势赢得了众多客户。我国台湾品牌的冷镦机对大陆自主品牌的生产企业影响极大，促进了民营企业冷镦机产业的形成和发展。大多数民营企业是在吸收、消化春日品牌优点的基础上，结合其他冷镦机产品的一些特点进行技术创新，形成了自己的研发机构和产品系列，开启了民营企业研制冷镦机产品的主导地位。

国外其他著名的冷镦机制造企业在21世纪初也纷纷开始在我国建立生产基地和子公司，从事产品的生产和销售。美国National Machinery公司于2006年在苏州设立外商独资企业——苏州爱恩机械有限公司，主要从事冷镦机的生产与销售业务；内德史罗夫紧固件（昆山）有限公司是Nedschroef公司于2012年在我国设立的子公司，主要从事各类高精度、高强度紧固件及相关零件的生产和销售；Hatebur公司于2008年设立的哈特贝尔（上海）贸易有限公司是专门从事相关产品销售的子公司，2015年设立的哈特贝尔金属成型技术（上海）有限公司主要从事相关产品的生产及销售；卡锣萨尔维（广州）机械设备有限公司于2011年在广州设立，主要从事其母公司相关产品在中国的销售和技术服务；日本株式会社阪村机械制作所上海代表处于2018年设立，主要从事相关技术服务和咨询。2016 年 4 月 1 日，高质量成形设备和成形模具的全球领导者——瑞士 Hatebur 公司，收购意大利冷成形著名企业 Carlo Salvi 公司。2014 年，上海集优机械股份有限公司完成对 Nedschroef 公司的并购。

通用技术齐齐哈尔二机床有限责任公司是我国在自动锻压机领域具有很深技术积累的研发和生产基地，从 20 世纪 50 年代初期苏联的单、双击系列冷镦机到 20 世纪 80 年代初自行设计的卧式多工位冷镦机，再到 2004 年引进日本“阪村”技术生产的多工位自动镦锻机，瞄准我国市场对冷镦机的需求。该公司选择的是从引进、消化、吸收到再引进、消化、吸收的技术路线，在引进日本阪村机械制作所 BP 系列三种型号的螺栓自动多工位冷镦机开始，经过消化吸收再开发，补齐了螺栓与螺母制造的冷镦机系列。通过与日本阪村机械制作所的合作交流，秦皇岛齐二数控机床有限公司在以阪村技术生产的 BP-430SS 型 10mm 四模四冲螺栓冷镦机的基础上，于 2015 年生产出 BP-440SS 型 M14 螺栓及杆形零件冷镦机，然后在 2021 年自主研发了 PF260SS 型零件成形机，可镦制直径 35mm 的金属滚柱，每分钟可生产工件 55 件，为目前国内镦制最大直径滚柱零件的设备，具有 4000kN 的镦锻力，可通过自动送料、切断、连续镦锻完成轴承的钢球、滚柱等零件的制作加工，适用于航空航天、汽车、高铁、船舶等领域成形零件的镦锻。该产品在系统上配有料尾检测、短料监测、过载保护等监测保护功能，有效提高了设备在生产过程中的安全性，在稳定性、自动化及安全性等方面独具优势。

进入 21 世纪，我国陆续出现了不少冷镦设备制造企业，尤其是大量民营企业转型加入冷镦机制造行业。冷镦机生产企业主要集中在紧固件生产比较集中的浙江、江苏和广东等省份，浙江宁波和温州的冷镦机制造企业较多，处于行业排名前列的企业有思进智能成形装备股份有限公司和浙江东瑞机械工业有限公司等。

思进智能成形装备股份有限公司在我国冷镦机制造行业处于领先地位，2011 年 3 月，思进智能成形装备股份有限公司生产的“SJBF-134L 环保型多工位高速全自动冷镦机”具有节能环保、高速高效等特性，其技术性能处于国内同类产品的领先水平；2013 年，由思进智能成形装备股份有限公司牵头作为课题负责单位，联合国内实力雄厚的郑州机械研究所、中机生产力促进中心、上海大学、上海交通大学等五家单位共同承担国家“高档数控机床与基础制造装备”科技重大专项“高速精密多工位冷镦成形成套装备”项目，历时 3 年，投入研发经费 3858 万元，研发了中国第一台大型多工位冷镦机——SJBP-305L，打破了同类型外资品牌设备在国内的技术垄断。在此基础上，思进智能成形装备股份有限公司再接再厉，在2022年自主研发SJBP-306L冷镦成形装备，该装备能产生730tf（约7150kN）的成形力；可剪切最大直径45mm、最大长度400mm的原材料；加工最大头部直径65mm、螺栓（圆柱）直径24~36mm、螺栓（圆柱）头下长度60~320mm的螺栓或异形零件；配备200kW主电动机功率、520mm行程主滑台、生产速度为27~50件/min，是目前国内自主研制和生产的最大冷镦装备。

我国的一些冷镦机制造企业在技术上已有相当大的突破，但就我国冷镦机械行业整体而言，技术水平还不高，厂家数量虽多，但规模较小，大多是在普通冷镦机上低水平竞争。多工位冷镦机的生产厂家较少，技术水平有明显提高，一些关键技术有所突破，已接近国际先进水平，但与国外知名品牌相比还存在明显差距。由此看来，发展和振兴我国冷镦机械产品依旧任重道远。

1.1.2 冷镦工艺的特点

冷镦机是主要用于材料在自然常温下的挤压镦锻成形，应用冷镦工艺生产各类标准件、紧固件、异形件的工作母机，在大规模零件生产中具有很大的技术优势。冷镦加工属于少/无屑加工，材料利用率一般可以达到90%以上，降低了材料消耗、节省了生产成本，同时提高了企业生产率，增强了企业核心竞争力；与传统的切削加工相比，冷镦产品同时具有较好的力学性能。

随着现代工业的发展及制造行业竞争的日益激烈，冷镦技术以其经济、高效的工艺特点，已在机械、仪表、电器、轻工、航天、船舶、军工等工业部门中得到广泛应用，成为金属塑性体积成形技术中不可缺少的重要加工手段之一。

冷镦工艺是利用金属在外力作用下产生的塑性变形，并借助于模具，使金属体积完成重新分布及转移，从而形成所需要的零件或毛坯。金属在冷态工况下进行瞬间高压冲击，并在模具内约束成形，这对构件及系统提出了在最小耗材条件下的可靠性要求。该工艺的成形机理决定了金属材料在冷态工况下的冷塑性变形必须高速、高压、高频率，在高压下的瞬间镦挤使被镦挤材料由常温突升至近似熔点的30%~35%（200~400℃），金属棒料在镦挤过程中由于塑性变形及与模具的摩擦产生了大量的热量，这些热量如果不被及时带走，会对机器的连续工作及模具的寿命带来很大的不利影响，因此需要用冷却油液对其进行冷却。当冷却油液浇在工件上时，会产生大量油雾并漂浮在大气中，使生产场所发生重度污染，严重影响操作者健康。

冷镦工艺主要用于制造螺栓、螺母、铁钉、铆钉和钢球等零件，是一种在室温下把棒材或线材的顶部加粗的锻造成形方法，锻坯材料可以是铜、铝、碳钢、合金钢、不锈钢和钛合金等。冷镦是在专用的冷镦机上进行，便于实现连续、多工位、自动化生产。在冷镦机上能顺序完成切料、镦头、聚积、成形、倒角、搓丝、缩径和切边等工序。冷镦机的生产率很高，最高可达 300 件/min 以上，最大冷镦工件的直径为 51mm。

冷镦工艺属于金属加工中的冷塑性约束变形工艺技术，是一种高精、高效、优质、低耗、少/无屑的先进生产工艺技术。

经市场调研，紧固件行业作为机械制造业的基础行业之一，对装备制造业和国防建设具有重要的影响，也是现代化程度的标志。我国紧固件行业与世界各国经济加速融合，逐渐成为国际经济中一支不可忽视的力量。据中国机械通用零部件工业协会紧固件专业协会统计，全球紧固件总需求量每年平均增幅为 5.0%。从世界紧固件市场和产业的走向分析和我国国民经济发展规划来看，建筑维修、汽车、电子电器、工业机械、金属制品等高端产业对紧固件的需求份额不断增加，尤其是汽车、航天、军工、船舶、家电、石化等行业将依然保持强劲增长态势，因此，紧固件的发展空间非常巨大。另据报告预测，在未来的几年中，我国紧固件的需求每年还会以 12.5% 的速度继续增长，与亚洲其他国家 8.4% 的增长率相比，我国紧固件需求的增长率在全世界排行第一名。然而，作为该类产品的工作母机，工业发达国家早在 20 世纪五六十年代已普遍采用优质、高效、低能耗的工艺及装备，而我国的制造业和制造技术与国际先进水平相比还存在着相当大的差距，制造工艺与装备发展严重滞后，这与我国制造大国的地位极不相称，长此以往，将直接影响我国国民经济的发展速度，甚至导致国家创新能力下降。当我国在经济获取能力降低、一些关键工艺技术无法从国外引进时，国家利益和安全势必存在很大的隐患。因此，我们必须独立自主地掌握先进制造工艺、技术和装备。

1.1.3 冷镦成形技术的发展方向

国外研究高档冷镦成形装备的智能化成套技术及相应的高度自动化多工位高速冷镦机的成功经验表明，未来冷镦成形技术及冷镦机的主要发展方向：重视吸纳数值仿真技术、结构最优方法、自动化技术、信息技术，以及仪器科学、智能维护等领域的最新科技成果，通过将其在多工位冷镦机上应用，形成智能化成套技术，促使多工位智能冷镦机的设计、制造、维护从依靠经验向基于科学的方向发展。国外运用了上述成套技术，决定了其高端冷镦机结构轻巧、高精度化、高速度化，以及各种调整、维护作业的自动化及简单化，最终实现主机、自动上下料、工件自动快速定位、模具离线换模装置、在线监控、工作状态识别、模具寿命管理等功能部件的高档化。

综上所述，目前我国冷镦机的发展现状与西方发达国家相比，在同类产品的相同部位都还有相对明显的劣势，主要体现在：冷镦成形速度低、整机性能较差、整体始终处在国际中下游水准。目前，主要竞争的也都是在中低端市场，特别是受限于冷镦机结构设计、冷镦生产率和冷镦产品加工精度等核心技术。

为了打破上述核心技术的垄断，对开展多工位冷镦机技术的研究已迫在眉睫。目前，德国、美国及日本等国家对多工位冷镦机产品研制的主要发展方向放在了将现代化的控制理论融入冷镦机的设计研发初期（如高速运转情况下的轴温检测、主机调整机构的数字显示及计算机远端控制等方面）、人机操作安全方面等。总结概括，多工位冷镦机的未来发展趋势有以下几点。

1）高速：生产率最高可达210件/min，是目前大陆及台湾企业生产设备的2倍左右。

2）高精度：主滑块间隙大小直接影响制件的精度，国外设备最高精度可达零间隙。

3）机器各部位安全监测与保护可靠性高：近几年这方面发展和应用较快，在配备安全监测和保护的机型上，已接近国外先进水平，但整体配置率仍较低。

4）更换模具与机器调整自动化程度高：这方面与国外差距较大，主要原因是国内市场需求量低。

5）高使用寿命：国产设备一般3~5年就开始维修换件，而国外设备大约10年左右才开始维修换件。

6）低噪声：对于高利润的近净异形冷挤压设备，其技术主要掌握在国外企业手中，随着我国相关制造技术的提升，以及环境保护和产品升级换代的影响，大批紧固件制造商由制造低附加值的低端紧固件向制造高附加值的近净异形冷挤压件转型。因此，开发高档次、高利润的近净异形冷挤压设备及模具迫在眉睫。

1.2 冷镦机的工作原理

冷镦机能生产的冷镦成形产品如图1-1所示。冷镦机为满足大批量生产的紧固件而研制，以生产产品的不同又分为螺栓冷镦机（简称螺栓机）和螺母冷镦机（简称螺母机），随后逐步应用到各种零件的生产而扩展成零件冷镦机。无论是哪种冷镦机，其工作原理和产品结构基本相同。

图1-1 冷镦成形产品

多工位冷镦机是利用曲轴滑块机构产生的强大冲击力将金属材料在常温（冷态）下进行挤压，使进入的原材料在多对模具（多工位）中连续产生塑性变形，最后以成品或半成品的形式展现。冷镦机调试完成后，从原材料到成品（或半成品）的整个生产过程无须人工干预，自动连续地进行镦锻作业，因此，往往又将其称为冷镦自动机或自动冷镦机。

零件挤压加工所需要的挤压力来自多工位冷镦机曲轴滑块机构产生的镦锻力，其加工过程和加工特点主要体现在材料的传输过程。传输过程中的材料流动如图1-2所示。

原料准备和输入过程是将用于冷镦作业的原材料进行整理，达到满足加工技术要求的程度。在材料输送的过程中，一面对材料进行校直处理、一面按镦锻所需的长度（体积）要求送进，按此长度由切刀切断；然后将切断后的合适坯料从切刀中推出，由夹钳机构送到（或直接由切刀推送到）第一工位，对于不合格的料头则直接剔除，使其掉落到下方的废品槽中。

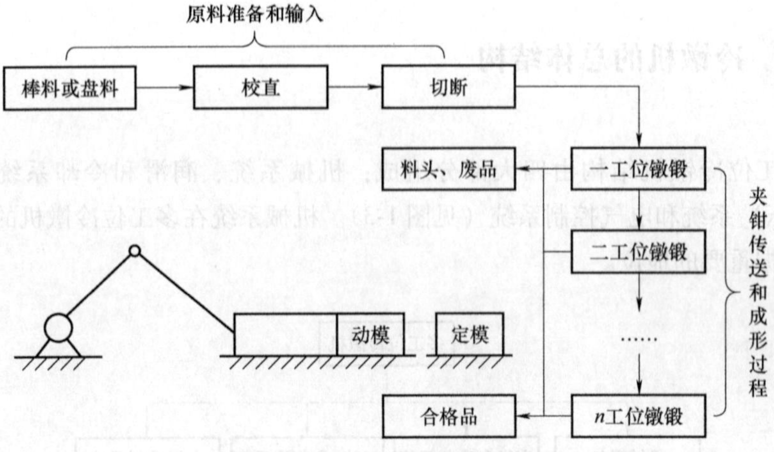

图 1-2 传输过程中的材料流动

经过校直、切断后的棒状坯料，在模具中进行镦锻成形。模具由两部分组成，一部分安装在滑块上随滑块一起运动，另一部分安装在床身本体的前方，固定不动。前者安装在滑块上随滑块一起运动的模具称为动模（也有的称为凸模、阳模、公模、上模等），后者安装在床身上的模具称为定模（也有的称为凹模、阴模、母模、下模等）。

镦锻成形是在模具内完成的，材料每次镦锻的塑性变形不能太大，对于变形量要求大或形状复杂的零件，需要经多次变形才能保证质量，这就是冷镦机工位的由来。变形量大或变形复杂的零件需要的工位数量多。坯料通过夹钳传送机构夹持，从上一工位传送到下一工位进行连续的镦锻作业，直至完成预定的零件形态。经历各个工位的镦锻后的零件从成品槽中输出；在夹钳传递坯料的过程中，会出现坯料跌落、未完成后续工作等情况，这些坯料会被放入半成品槽中（与料头一起），与完成全部作业的零件分开输出。

零件在各工位完成不同变形要求的镦锻，冷镦机各工位的镦锻动作是同步完成的，镦锻所需的成形力由曲轴滑块机构提供，而曲轴滑块机构的动力由电动机通过外部的传动机构进行减速增扭，得到满足镦锻要求的动力（转矩）和节拍（转速），获得冷镦机的成形力和生产速度。而处于曲轴后端的传动则全部通过曲轴带动并传出，与曲轴的转角保持固定的相位关系，保证各种动作间的相互协调和连续的工作循环。工作循环图用于确定各动作间的匹配、协调关系，是冷镦机设计、调试和维修的依据。

1.3 冷镦机的总体结构

多工位冷镦机结构由四大部分组成：机械系统、润滑和冷却系统、气动（或液压）系统和电气控制系统（见图1-3）。机械系统在多工位冷镦机的总体结构中占据重要的地位。

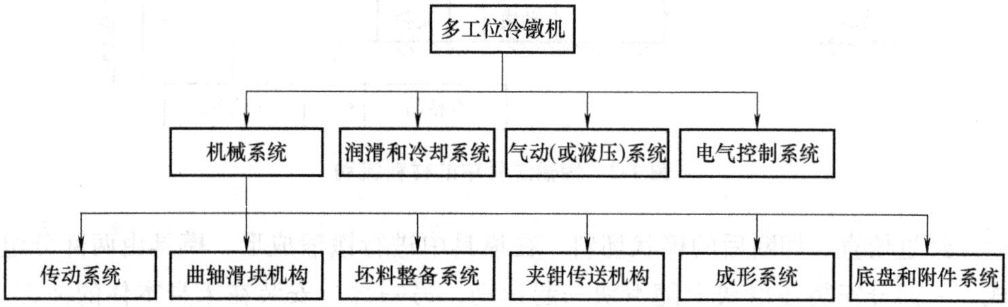

图1-3 多工位冷镦机的组成

1.3.1 机械系统

机械系统的组成部分最多，结构也比较复杂，按其所完成的内容和功能又可将其细分为传动系统、曲轴滑块机构、坯料整备系统、夹钳传送机构、成形系统，以及底盘和附件系统等。

机械系统各部分结构在多工位冷镦机中的位置如图1-4所示。

1. 传动系统

传动系统为冷镦机机械部分的各分部分提供动力和运动控制，包括从电动机到驱动执行机构的各个环节。

传动系统由外传动系统和内传动系统两个环节组成。外传动系统对转速没有精度要求，且通过滑转和适量的打滑来保护机器和增加运动的平稳性；内传动系统则要求严格的转速精度，不允许产生相对的角度偏离。

外传动系统由电动机、传动带、离合器和制动器等组成。带传动是冷镦机外部传动的主要一环，利用带传动的特点，使传动平稳，并能在过载时通过打滑保护机器的安全；通常，冷镦机采用两级减速，其中第一级是带传动减速，第二级可以是带传动减速，也可以采用齿轮传动减速，根据机器结构要求和机

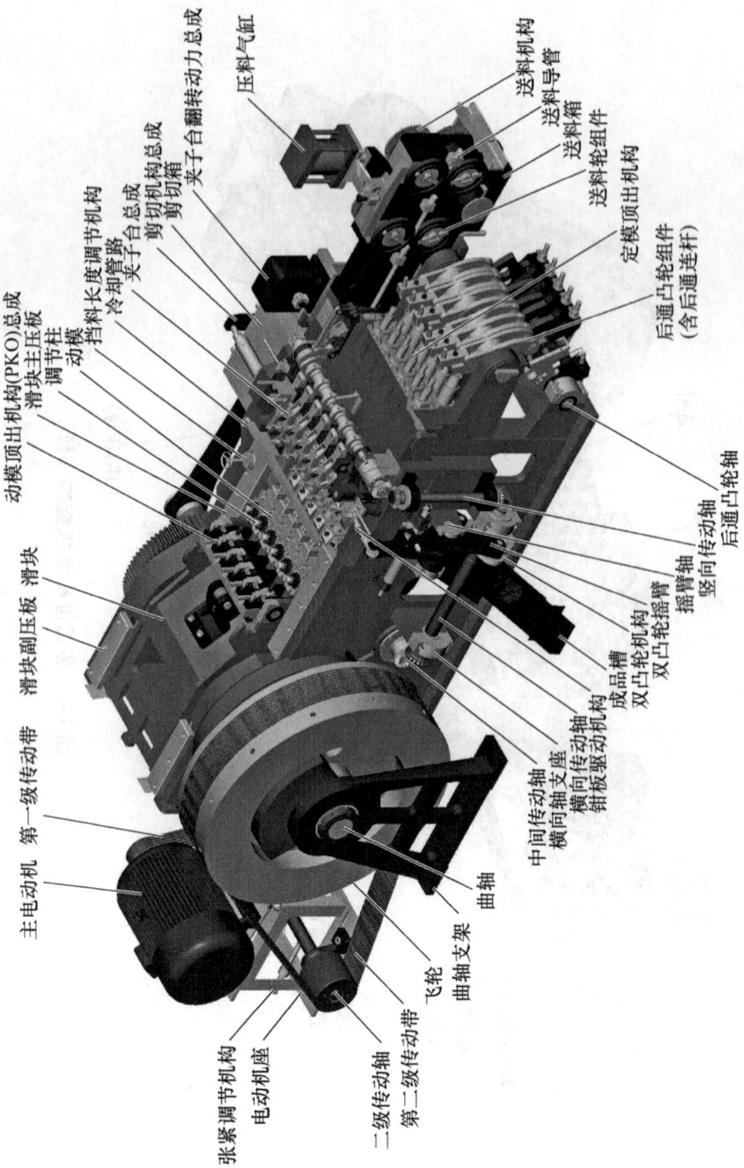

图 1-4 多工位冷镦机结构

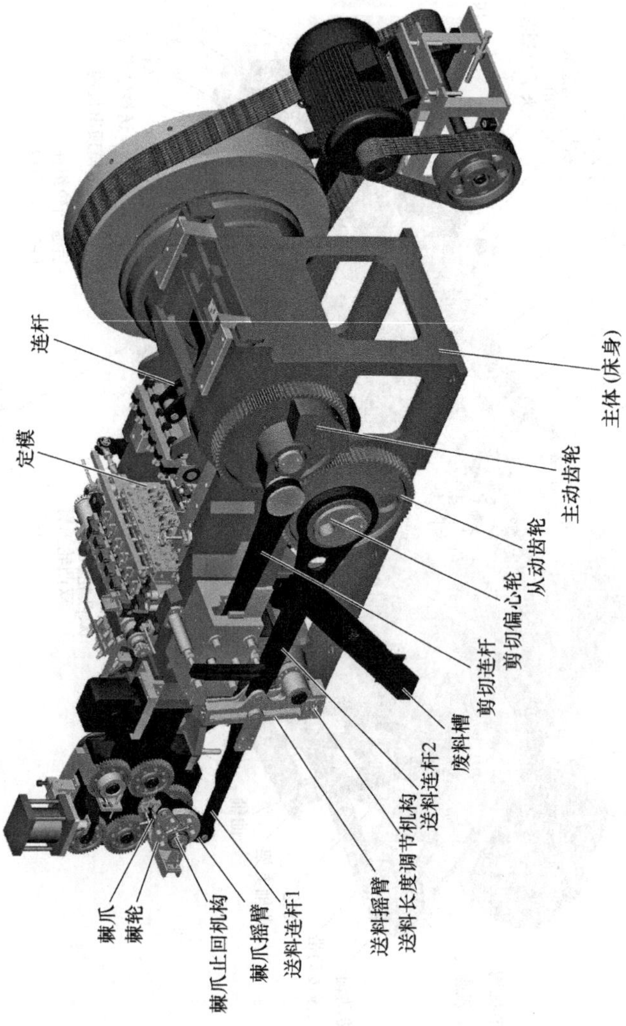

图 1-4　多工位冷镦机结构（续）

型特点而定，两级减速后，将冷镦机的转速降到与生产速度相一致；离合器和制动器的作用是方便冷镦机的运动控制，可实现接通或断开动力，或者对运动进行制动，最后将动力和运动传送到冷镦机的曲轴。

内传动系统的动力由曲轴传出，分配到工作循环的各个组成部分，主要包括提供动力的曲轴滑块机构、坯料整备系统中的送料机构、校直机构和剪切机构；夹钳传动机构（完成夹钳的往复传递运动、夹紧和松开坯料的夹持动作）；材料成形系统中的顶出机构、托料机构等。内传动系统要求执行机构之间的动作必须相互协调、实现联锁，与曲轴的转角间保持准确的相位关系，不得任意提前、延迟或改变，因此，内传动链必须采用保证运动传递准确的齿轮传动、连杆机构或凸轮机构等形式，在传动链间必须标记起点位置的“0”等标志，以示识别，并且在装配维修时注意对正。

2. 曲轴滑块机构

曲轴滑块机构为整个镦锻作业提供动力，并为各机构间的运动提供相位联系的依据。

曲轴滑块机构主要由曲轴、连杆、滑块和床身组成。发挥连接和固定导向作用的有连杆销、曲轴主轴颈和连杆轴颈上的轴承、提供滑块导向的侧面导轨滑板和顶面导轨上滑板、导轨压板及其辅助构件。

3. 坯料整备系统

坯料整备系统是将材料整理、准备成符合冷镦技术要求的棒状坯料，主要包括支承盘料并供其自由转动和展开的料架部件，对材料进行校直处理的校直机构的多对、多向校直轮，负责材料输送的送料摇杆机构（凸轮、摆叉、送料连杆），控制送料长度的棘轮棘爪机构、传动齿轮箱及其上的传动齿轮、送料滚轮和制动器等，按制造要求对送入的材料进行切断的切断机构中的偏心轮、剪切连杆、剪切凸轮、剪切滑块及切刀等。

4. 夹钳传送机构

夹钳传送机构的作用是在镦锻的各工位之间，在曲轴后退进行下一次镦锻准备的时段，夹钳将上一工位加工后的坯料传送到下一工位的位置，供下一次曲轴前进时进行镦锻。

夹钳传送机构由夹钳、夹钳夹紧机构和夹钳转位机构组成。

1）夹钳。根据夹持的坯料不同，采用的夹钳也不同，有大张嘴夹钳、伸缩式夹钳和跳式夹钳等。夹钳通常是由左右对称的两个杆件组成夹子，从两侧对坯料对中夹紧。

2）夹钳夹紧机构。夹钳夹紧机构通常由铰链机构组成，由凸轮、摇臂、摆叉、拉杆等传动机构驱动夹钳张开或夹紧，也有直接利用弹簧力进行夹紧的应用案例。

3）夹钳转位机构。夹钳转位机构由牵引拉杆、钳板、夹子台座、摇臂、夹子台等组成，由牵引拉杆带动钳板和夹子台座，通过摇臂绕夹子台转动，从而将坯料从上一工位送到下一工位。

5. 成形系统

成形系统由多对模具组成，每个工位就要有一对模具（动模和定模），模具的对数与工位数量相等。由于冷镦机适合加工的零件品种多，不同规格和不同尺寸的零件要用不同的模具来加工，一般冷镦机不提供模具，只提供模具安装和推出坯料的机构，模具由生产企业根据生产的产品和冷镦工艺要求来定制。

模具由分开的两大部分组成，安装在滑块上的部分称为动模，安装在床身前部固定不动的部分称为定模。

在动模上有安装模具的衬套、模壳和模座，以及用于安装模座并用来调整位置的调整板；顶出加工坯料的顶出机构有顶杆、顶杆套、调节柱等构件；驱动机构有摆叉、摇臂和凸轮。曲轴滑块机构上连杆的摆动带动凸轮使摇臂摆动并驱动摆叉，推动顶杆顶出在动模内的坯料。

定模安装在床身的前部内侧，由连接底板和定模座固定定模；将坯料从模具中顶出的传动机构的动力来自与曲轴相连的凸轮，通过凸轮驱动后通出摇臂，带动过渡顶杆和顶杆将坯料在定模内的部分顶出模腔。

6. 底盘和附件系统

底盘（有的机型称为机架）是处于设备底部的一个盘状结构件，通常由钢板焊接而成。底盘面积大、刚性好，冷镦机所有的机械部件（包括冷镦机的机械本体、主电动机、润滑泵电动机、冷却泵电动机和防护罩部件）都安装在其上，使之形成一个整体结构，承受重力和运动产生的动力。底盘内部的空腔用于储油，收集用于润滑和冷却的油液，通过沉淀、过滤、冷却后循环使用。

作为附件，护罩安装在与底盘连接而搭建的框架上，用隔板和门等共同构建周边封闭的空间，保证冷镦机工作时的安全。

作为附件，操作台是在冷镦机的操作侧，由操作平台、侧边扶手和台阶组成，用于大型冷镦机高度较高时的操作作业。

1.3.2 润滑和冷却系统

润滑是将润滑油送到各个相对运动的润滑点上，在对运动件进行润滑的同时，也起到冷却、散热和清洗作用；冷却是将冷却油液送到镦锻区对镦锻发热的坯料和模具进行冷却。一般情况下，润滑和冷却采用同一种机械油。

润滑和冷却系统主要由电动机带动液压泵提供压力油，通过管路输送到工作点。润滑点数量多、阻力大，需要的压力也要大些；冷却集中在镦锻区，要求用油液带走加工时产生的热量，需要的油量大，要求的是大流量、低压力供油液压泵。对于大型冷镦机，一般将润滑系统和冷却系统分开，采用不同的液压泵和电动机驱动，小型冷镦机可以用一个液压泵通过调压对润滑系统和冷却系统供油。

1.3.3 气动（或液压）系统

气动系统和液压系统的工作原理相同，液压系统产生的压力大、结构紧凑；气动系统以空气为介质，介质来源充足、成本低，结构简单，使用的压力也低，在同样要求的作用力条件下，结构显得庞大。

气动系统和液压系统的主要组成：动力源是电动机和泵（气泵或称空气压缩机，液压系统用液压泵）；执行机构通常是液压缸（气缸），为工作机构提供需要的作用力。

大多数冷镦机采用的是气动系统。

1.3.4 电气控制系统

电气系统用来控制冷镦机的运行，实现不同的动作要求。

电气系统的控制部分，目前以可编程逻辑控制器（PLC）控制为主，主要由 PLC、继电器、接触器和按钮等主控器件组成。

1.4 冷镦机的性能指标

冷镦机的主要性能指标如下。

1）成形力：表达镦锻力的大小。

2）最大剪切直径：表示可选用线材的最大直径。

3）最大剪切长度：坯料长度，是零件加工长度的依据。

4）生产速度：生产率指标，单位时间（分钟）内可以达到的最高生产能力。

5）动模顶出行程：决定缩径长度和冲孔的深度，是制定冷镦工艺和动模设计的主要参数。

6）定模顶出行程：制件杆长和定模设计的基本参数。

7）主滑台行程：冷镦机的主参数，是其他参数的基础。

8）主电动机功率：产生镦锻力的重要参数。

9）工位数：表明坯料能连续镦锻的变形次数，表征冷镦机对复杂零件的加工能力。

1.5 工作循环图

由冷镦机的工作原理可知，曲轴每旋转一周、滑块往复运动一次，冷镦机各机构完成一次执行动作，即完成一个工作循环。各机构动作的先后顺序、时间长短、运动轨迹和行程大小等，需要相互间的协调配合，从而完成冷镦过程中的送料、切料、镦锻成形、顶出、夹钳传送等动作。以曲轴的转角为基准，表明各机构的动作先后、工作角度、作业衔接要求和中间过程的安排。用于表达这种循环关系的图示，称为冷镦机的工作循环图。

工作循环图是冷镦机设计和装配调试的重要依据，按此设计切料、顶出、夹紧凸轮，确定起始和终止位置，装配时按此时序进行调整、调节和试车、试镦。

1.5.1 曲轴滑块机构的运动分析

曲轴的起始位置设置和运动方向规定不同，得到的工作循环图也不同。一般约定将镦锻结束时的角度设置为曲轴的起始角 0°；定模所在位置称为前方，曲轴的位置称为后方；曲轴运动指向对坯料镦锻的方向称向前，其极限位置称为前死点；镦锻结束后的回程称为后退，其极限位置称为后死点；模具的顶出机构方向同样按此规则确定。

多工位冷镦机普遍采用曲轴中心位于滑块运动方向上的正置结构型式。该结构具有力的垂直分量小、工作平稳的优点，尤其是在镦锻时坯料受垂直力分量的干扰小，可以很好地保证制造质量。图1-5所示为这种机构的运动关系，其中O是曲轴的旋转中心，A是曲轴与连杆的连接点，OA的长度R是曲轴的半径；B是连杆与滑块的连接点，AB的长度L称为连杆长。当曲轴以角速度ω旋转时，滑台的位移s与曲轴的转角α及连杆的夹角β间的关系可表示为

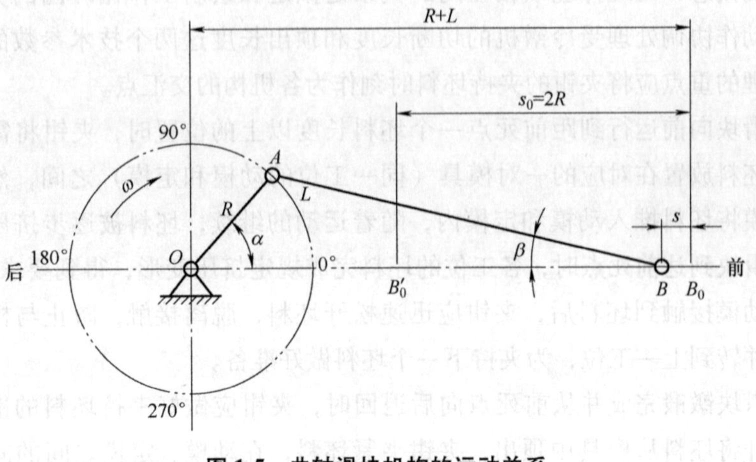

图1-5 曲轴滑块机构的运动关系

$$s=(R+L)-(R\cos\alpha+L\cos\beta)$$

其中，$\sin\beta=\dfrac{R\sin\alpha}{L}=\lambda\sin\alpha$，即令连杆系数$\lambda=\dfrac{R}{L}$，则$\cos\beta=\sqrt{1-\sin^2\beta}=\sqrt{1-\lambda^2\sin^2\alpha}\approx1-\dfrac{1}{2}\lambda^2\sin^2\alpha$

简化并改写为

$$s=R\left[(1-\cos\alpha)+\frac{1}{\lambda}(1-\sqrt{1-\lambda^2\sin^2\alpha}\right]$$

$$=R\left[(1-\cos\alpha)+\frac{\lambda}{4}(1-\cos2\alpha)\right] \tag{1-1}$$

式中 s——滑块移动的行程，距前死点位置。

当α由0°增大到180°时为后退行程，而从180°增大到360°（即转回0°）为前进行程，进行镦锻作业。曲轴滑块机构运动能达到的最大行程为

$$s_0=2R$$

在图1-5中，由余弦定理可求得曲轴转角与行程及机构参数间的关系为

$$\cos\alpha=\frac{R^2+(R+L-s)^2-L^2}{2R(R+L-s)} \tag{1-2}$$

1.5.2 冷镦机动作时段分析

冷镦机作业的顺序：送料→切断（含剪断顶出）→夹钳转送→镦锻→模内顶出，这是一个不断循环的过程。

明确概念，处理并理顺相互间的关系是拟定和绘制工作循环图的关键。相互间的动作协调处理受冷镦机的切断长度和顶出长度这两个技术参数的影响很大，处理的重点应将夹钳的夹持坯料时刻作为各机构的交汇点。

当滑块向前运行到距前死点一个坯料长度以上的位置时，夹钳将需要进行镦锻的坯料放置在对应的一对模具（同一工位的动模和定模）之间，然后滑块上的动模将坯料推入动模和定模内，随着运动的继续，坯料被逐步挤压产生变形，当滑块到达前死点时，各工位的坯料完成规定挤压变形，得到要求的形态；同时在动模接触到坯料后，夹钳应迅速松开坯料，脱离接触，防止与模具产生碰撞，并转到上一工位，为夹持下一个坯料做好准备。

当滑块镦锻完成并从前死点向后退回时，夹钳应做好夹持坯料的准备，当前后顶杆将坯料从模具中顶出，夹钳夹紧坯料，在动模、定模之间的间距大于坯料的最大长度时，夹持坯料从上一工位送到下一工位。顶杆的动作是在镦锻完成、滑块后移时开始，随着滑块的移动快速将坯料顶出，并由夹钳夹持，将其传递到下一工位。

在夹钳夹持上一工位的坯料之前，坯料整备系统的剪切机构要将原材料切成合格的坯料，并将其送到第一把夹钳夹持的位置上。坯料整备系统的其他任务，如卷料的校直、送料等工作在切断前完成，各过程所需时间（转动角度）由各部分的行程大小和运动速度调整安排。

在具体安排确定各机构运动的起始角度和终止角度时，要考虑运动的速度、惯性及行程大小，设置提前角度和滞后角度，使各部分的运动平衡、协调。

1.5.3 工作循环图分析

当曲轴转动一周时，冷镦机完成一个工作循环，冷镦机的工作循环图表示在一个周期（360°）内的各种动作的先后顺序和所经历的角度。

常用的工作循环图表达方式是直角坐标式和极坐标式。

1）直角坐标式。直角坐标式表示冷镦机的循环关系，是由表示滑块的运行行程图和表格组合表示，如图 1-6 所示。

2）极坐标（圆形、环形）式。环形工作循环图是在一个 360°的平面内，以环形的结构表达各个机构动作的工作范围，如图 1-7 所示。

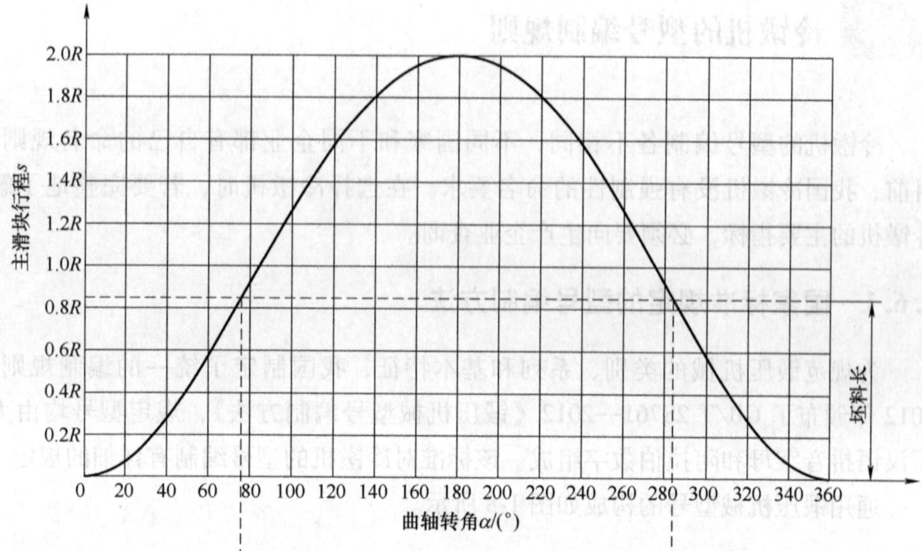

角度	0°	180°	180°	360°
滑台	后退		前进	
送料	送料	送料停		送料
夹钳	夹钳回退	夹紧 转位 松开		夹钳回退
切刀	前进切断	停留	后退 停留	前进切断
顶杆	顶出	顶杆后退停留		

图 1-6 直角坐标式工作循环图

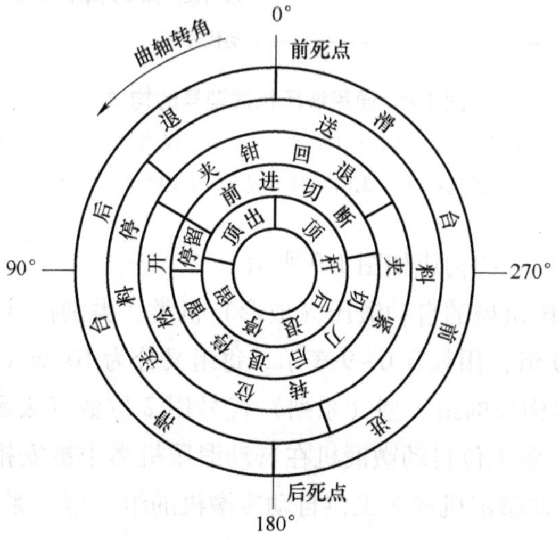

图 1-7 环形工作循环图

1.6 冷镦机的型号编制规则

冷镦机的型号编制各不相同，不同国家和不同企业都有自己的命名规则，目前，我国冷镦机没有强制性的命名要求。在选择冷镦机时，若要完整地了解冷镦机的主要指标，必须要向生产企业查询。

1.6.1 国家标准规定的型号编制方法

为规范锻压机械的类别、系列和基本特征，我国制定了统一的编制规则，2012 年颁布了 GB/T 28761—2012《锻压机械型号编制方法》，规定型号均由大写汉语拼音字母和阿拉伯数字组成。该标准对冷镦机的型号编制有详细的规定。

通用锻压机械型号的构成如图 1-8 所示。

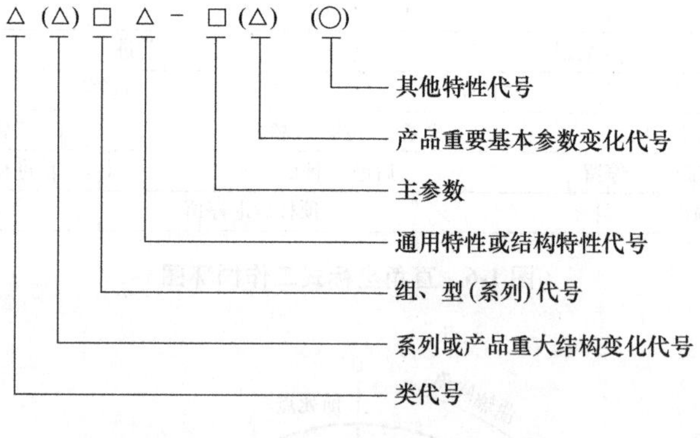

图 1-8 通用锻压机械型号的构成

△—大写汉语拼音字母 □—阿拉伯数字 ○—大写汉语拼音字母或/和阿拉伯数字

( )—供选择项（无内容时不表示，有内容时去括号）

专用锻压机械型号的构成如图 1-9 所示。

冷镦机属于锻压机械的自动锻压（成形）机类，类别代号为 Z。

每类机械分 10 组，用数字 0~9 表示，每组又分为 10 型（系列），同样用数字 0~9 表示。这样构成的组、型（系列）代号用 2 位数字表示。自动镦锻机是第二组（数字 1），多工位自动镦锻机在自动锻压机类中被安排在第五组（数字 4），已经确定的自动镦锻机和多工位自动冷镦机的组、型（系列）代号见表 1-1 和表 1-2。

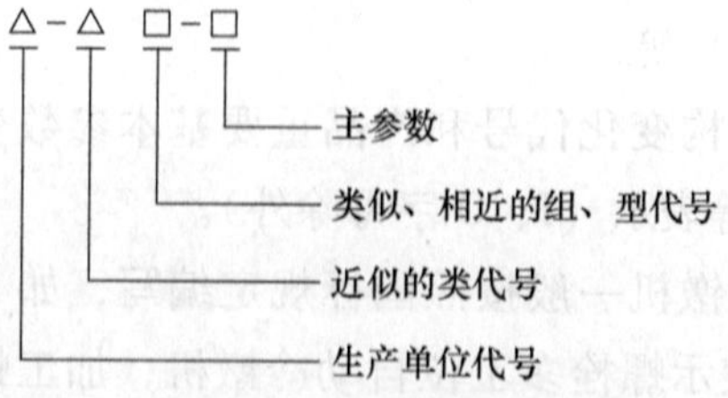

图 1-9　专用锻压机械型号的构成

△—大写汉语拼音字母　□—阿拉伯数字

表 1-1　自动镦锻机的组、型（系列）代号

代号	名称	主参数
11	单击整模自动冷镦机	制件杆部最大直径/mm
12	双击整模自动冷镦机	制件杆部最大直径/mm
13	三击整模自动冷镦机	制件杆部最大直径/mm
14	单击分模自动冷镦机	制件杆部最大直径/mm
15	双击分模自动冷镦机	制件杆部最大直径/mm
16	三击分模自动冷镦机	制件杆部最大直径/mm
19	三击双工位自动冷镦机	制件杆部最大直径/mm

表 1-2　多工位自动镦锻机的组、型（系列）代号

代号	名称	主参数
41	多工位螺母冷镦机	螺母螺纹最大直径/mm，工位数
42	多工位筒形件冷成形机	公称镦锻力/kN，工位数
45	多工位杆件冷成形机	公称镦锻力/kN，工位数
46	多工位螺栓冷镦机	制件杆部最大直径/mm，工位数
47	螺栓联合自动机	加工螺纹最大直径/mm，工位数
49	多工位自动热成形机	公称镦锻力/kN，工位数

因机型不同，选择的主参数也不同，以直径为主参数的机型，用直径的实际数值表示；以镦锻力为主参数的机型，主参数数值按实际镦锻力的10%表示。主参数工位数指实际的工位。两个主参数间用“×”或“/”分开。

通用特性或结构特性代号是用单个大写字母表示：K（数控）、Z（自动）、

Y（液压传动）、Q（气动传动）、S（伺服驱动）、G（高速）、M（精密）、X（数显）、R（柔性加工）等。

系列或产品重大结构变化代号和产品重要基本参数变化代号，如发生变化用大写字母 A、B、C 等表示（I、O 字母除外）。

国有企业生产的冷镦机一般按照国标规定编写，如 Z47-12 型，由表 1-2 的组、型（系列）代号表示螺栓多工位自动冷镦机，加工螺纹最大直径为 12mm；Z41-12A 型是多工位螺母冷墩机，加工螺母的螺纹直径也是 12mm。

1.6.2 企业的型号编制规则

世界各地的冷镦机产品型号编制规则与我国的国家标准不同，不同国家和地区的企业有各自的编写方法。上海春日机械工业有限公司生产的冷镦机型号完全按照企业原来的编写规则，该公司是中国台湾的春日机械工业股份有限公司在中国大陆设立的股份公司。春日冷镦机的结构特点、价格优势和使用经济性等优势，使其深受国内用户欢迎。随后发展的国内冷镦机生产企业大多是在春日冷镦机的机型、结构的基础上进行研制，生产自主的冷镦机产品，其型号编制规则自然参照春日冷镦机的方法，形成比较普遍的现象。这种冷镦机型号的编制构成如图 1-10 所示。

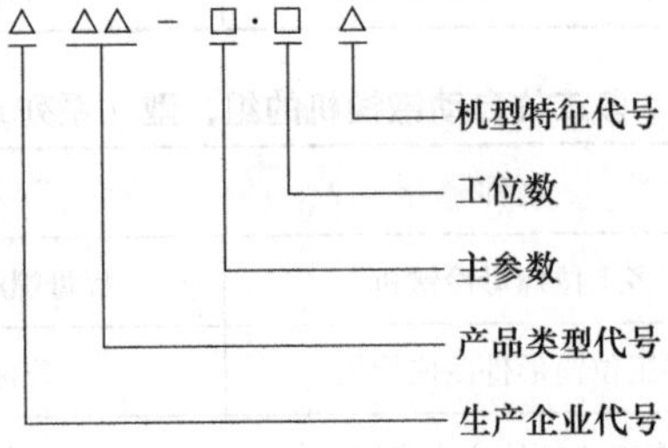

图 1-10 企业冷镦机型号的编制构成

△—大写汉语拼音字母 □—阿拉伯数字

1）生产企业代号：企业缩写，用汉语拼音大写字母表示，单字母或双字母。

2）产品类型代号：用两个大写字母表示，如 BF（多工位螺栓冷镦机）、NF（多工位螺母冷镦机）、BP（零件冷镦机）和 PF、NP（特殊零件冷镦成形机）。

3）主参数：以制件杆部或标准切料直径（若为六角对边尺寸加后缀 B）的公称规格尺寸，用数字表示，单位为 mm。

4）工位数：用数字表示。

5）机型特征代号：用字母表示，如S（标准型）、L（长型）、LL（加长型）、UL（超长型）和LLT（特长型）。

企业冷镦机型号编制的示例如下。

SJBP-205L，意为思进智能成形装备股份有限公司（SJ）生产，标称加工直径20mm、5工位、长型（L）的零件冷镦机（BP）。

SJBF-134UL，意为思进智能成形装备股份有限公司（SJ）生产，标称加工直径13mm、4工位、超长型（UL）的螺栓冷镦机（BF）。

CBF-84S，意为上海春日机械工业有限公司（C）生产，标称加工直径8mm、4工位、标准型（S）的螺栓冷镦机（BF）。

DBF-84S，意为浙江东瑞机械工业有限公司（D）生产，标称加工直径8mm、4工位、标准型（S）的螺栓冷镦机（BF）。

JNF-13B5S，意为正曜企业股份有限公司（正侑机械（上海）有限公司）（J）生产，标称加工对边尺寸13mm、5工位、标准型（S）的多工位螺母冷镦机（NF）。

第2章 传动系统

传动系统是冷镦机动力和运动的来源，为冷镦作业提供足够的动力和准确的运动。

冷镦机的传动系统可以分成两大部分，其中一部分是独立的，另一部分是相互联系和相互制约的。将前一独立部分称为外传动系统（或前置传动系统），其主要作用是减速。外传动系统由主电动机驱动、经减速机构减速增扭，提供符合冷镦机的工作速度（节拍）和镦锻力要求，满足生产的需要。出于生产安全和控制方便，在这部分通常设置离合器和制动器，最后将动力和运动传递给曲轴；曲轴后端各传动部分的转速相同、相位相同（相位差不变），要相互联系和制约，将这一部分称为内传动系统或主传动系统，主要作用是将曲轴的运动传递到各个运动件；各部分运动通过曲轴传出，分别传给滑块、送料校直系统、顶料机构、剪切机构、夹紧机构、夹钳运动机构和托料机构等。冷镦机传动系统的传动路线如图 2-1 所示。

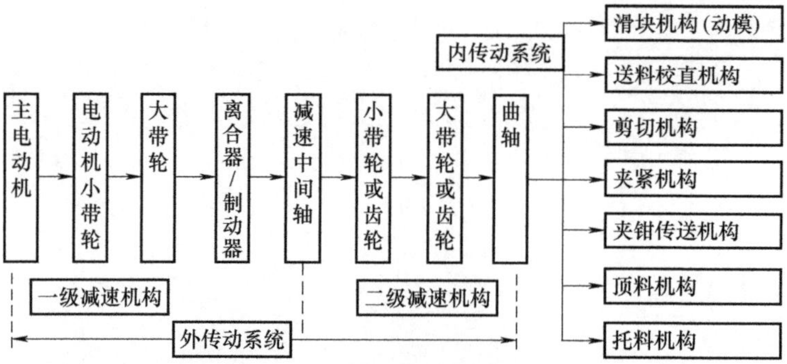

图 2-1　冷镦机传动系统的传动路线

2.1 电动机与减速机构

电动机与减速机构组合构成冷镦机的外传动部分，其主要目的是获得冷镦机镦锻要求的动力（转矩、镦锻力）和生产速度（节拍），并可根据生产率和加工负载进行调节，获得合适的加工状态。

电动机的种类很多，在冷镦机中常用的有普通的三相异步电动机和变频调速电动机。三相异步电动机按其结构分有二极（同步转速 3000r/min）、四极（1500r/min）、六极（1000r/min）和八极（750r/min）。异步电动机的转差率一般在5%左右，实际转速比同步转速略低。异步电动机具有结构简单、成本低、工作可靠、维护方便等优点，被广泛应用于对转速精度要求不高、不需要进行调速的各个工业领域。

电动机转速可表示为

$$n=\frac{60f(1-s)}{p} \tag{2-1}$$

式中 f——电源频率（Hz）；

p——电动机的极对数；

s——异步电动机的转差率。

普通的三相异步电动机是通过改变极对数 p 来改变速度，得到的速度是分级的，每级转速相差很大；除此之外，改变频率也能改变速度，而且能在很宽的范围内实现速度调节，调节范围连续。变频电动机就是根据这个原理进行工作的，电源频率为50Hz，变频电动机需要搭配能够改变频率的变频器才能实现变速。通常情况下，为冷镦机提供动力的电动机往往采用普通三相异步电动机配置变频器，这样既能实现变速，以适应不同零件生产的要求，又能合理地提高生产率，降低生产成本。

冷镦机的生产速度一般不高，小型高速冷镦机在200r/min 左右，大型冷镦机的工作速度通常在100r/min 以下。变频电动机可以进行适当的转速调节，但输出转矩的变化受电动机恒转矩和恒功率工作区的特性决定，变化不会太大，因此，必须通过减速机构来增加转矩。

冷镦机的减速传动比为10左右，通常需要两级减速。第一级减速往往采用带传动，第二级减速根据使用场合、操作的方便性和设备的经济性，可使用带传动或齿轮传动。

第一级采用带式减速机构是利用带传动的特点，当负载增大至超载时，利用带的打滑，保护机件免受损坏。但带传动也有它的不足，使用中要经常调整其张紧度，确保产生足够的摩擦力来传递达到要求的传动转矩；同时带容易损坏、寿命短，需要经常更换。当两级都采用带传动时，两级带的张紧是相互联系的，要考虑带的独自张紧调节；对大型机来说电动机功率高、尺寸大、重量大、要求所用带的根数也多，调整相对比较困难，因此两级带式减速机构往往在小型机上使用。图 2-2 所示为在小型机上采用的两级带式减速机构，图 2-3 所示为采用一级带式减速和一级齿轮减速的两级减速机构。

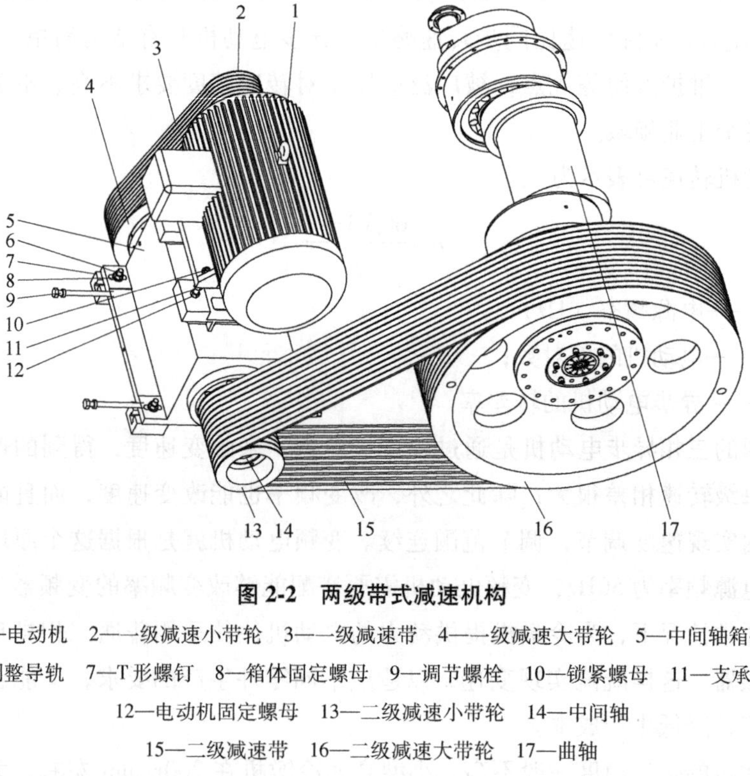

图 2-2　两级带式减速机构

1—电动机　2—一级减速小带轮　3—一级减速带　4—一级减速大带轮　5—中间轴箱体　6—调整导轨　7—T 形螺钉　8—箱体固定螺母　9—调节螺栓　10—锁紧螺母　11—支承螺母　12—电动机固定螺母　13—二级减速小带轮　14—中间轴　15—二级减速带　16—二级减速大带轮　17—曲轴

两级减速都需要有一根中间轴过渡，中间轴支承在一个可移动调节的箱体内或固定支座上。两级带式减速机构都需要通过改变两带轮间的间距调节带的张紧度，或在两带轮之间采用张紧轮张紧，或在中间支承结构上设置同时对前后两节带的张紧装置。由带减速和齿轮减速构成的两级减速机构的中间轴安装在冷镦机的机体（床身）上，这样设置使同一次装夹下中间轴轴孔与曲轴孔同时加工，可保证两轴的中心距的尺寸精度和位置精度，使两齿轮保持较高的啮合精度。

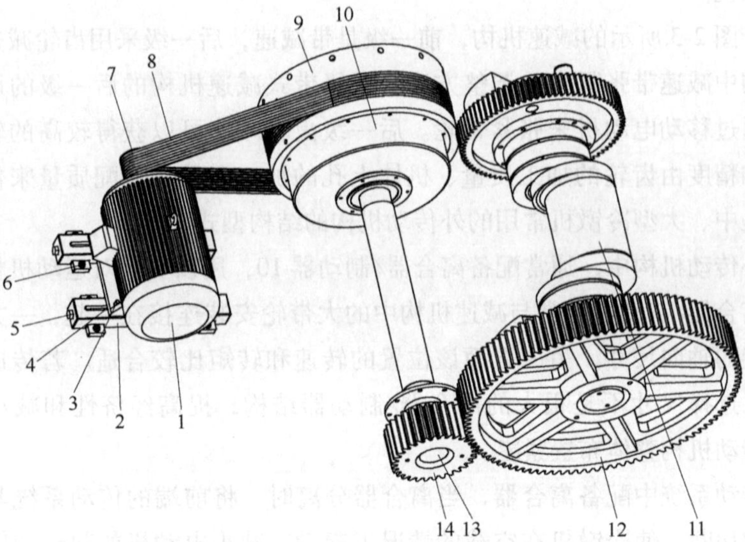

图 2-3　一级带式减速和一级齿轮减速的两级减速结构

1—电动机　2—调整座　3—调整锁紧杆　4—调整滑块　5—调节螺杆　6—固定螺栓　7—电动机带轮　8—带　9—大带轮　10—离合器/制动器　11—曲轴　12—大齿轮　13—小齿轮　14—中间轴

对于图 2-2 所示的两级带式减速机构。第一级减速机构是电动机 1 与中间轴箱体 5（或称电机座）之间，将电动机安装在中间轴箱体 5 上方，方便实现电动机与箱体间的距离调节，移动电动机以获得一级传动所要求的张紧力。实现这种距离调节的机构有多种形式，可以是铰链式结构相对转过一个角度，也可以是移动式结构相对固定部分移动一定距离（水平移动、倾斜移动或垂直移动）。此处通过垂直移动来调整带的张紧度，改变带张紧力，调整方法是先松开电动机固定螺母 12，调节电动机底座下方的支承螺母 11（逆时针旋转螺母，电动机向上运动是张紧，反之为放松）至带的张紧度合适，然后旋紧电动机底座上方的电动机固定螺母 12，完成一级带的张紧力调整。二级带式减速机构的调整是移动中间轴箱体 5，调整时先松开中间箱体上的箱体固定螺母 8，通过调节螺栓 9 拉动（或推动）中间轴箱体 5 和电动机及 T 形螺栓 7 一起移动，使带达到合适的张紧力后锁紧箱体固定螺母 8，完成二级带式减速机构的张紧力调整。这种两级带式减速机构各级的张紧力调整是独立的，调整方便可靠。若将这两级减速机构分别安装在冷镦机的底盘上，则调整会相互制约，需要多次调整，且所占空间大，调整不方便。同时，如果二级减速带传递的转矩比较大，则需要增加减速带根数或选用大规格带型，受减速带根数设计的限制等，往往只是应用于小型冷镦机。

对于图 2-3 所示的减速机构，前一级是带减速，后一级采用齿轮减速。带式减速机构中减速带张紧力的调整方法与两级带式减速机构的后一级的调整方法相同，通过移动电动机来张紧带轮。后一级齿轮减速可以获得较高的转矩，啮合间隙和精度由齿轮的加工质量、机体上孔的加工质量和装配质量来保证。这种结构是中、大型冷镦机常用的外传动机构的结构型式。

在外传动机构中，通常配备离合器/制动器 10，用以实现对运动机构状态的控制。离合器/制动器通常与减速机构中的大带轮安装连接在一起，一方面可以减小连接的轴向尺寸，另一方面该位置的转速和转矩比较合适。若传递的转矩小，可以选择尺寸不是很大的离合器/制动器结构，提高经济性和减小安装空间，使传动机构整体布置紧凑。

在传动系统中配备离合器，当离合器分离时，将前端的传动系统与后端的工作机构切断，使冷镦机在空载的情况下起动，减小电动机的起动功率和起动电流；离合器接合后，动力传递到后端的各个部分，使冷镦机进入工作状态，同时在工作中可以根据需要随时切断或接合动力，提高执行操作的灵活性。离合器使动力的接合平稳，并能防止传动系统过载（过载时离合器自动打滑），保护机器的安全。制动器的作用是使传动系统降低速度并快速停机。有关离合器和制动器的结构见 8. 4. 3 小节。

2.2 内传动系统

冷镦机前端的减速传动系统是为满足冷镦机工作要求的转矩和转速而设计的，为曲轴提供所需的转速和转矩。自曲轴开始，冷镦机各部分的作业动作之间存在密切的相位联系，这样才能准确地完成各机构所赋予的具体工作，这部分是冷镦机的内传动系统。目前，冷镦机将确定的相位关系传递给各执行机构的传动方式有大连杆式、链轮链条式和伺服电动机式。伺服电动机式是各执行机构采用各自的伺服电动机驱动，由电控系统统一控制和管理，执行机构的相位角度可根据生产情况随时调整，整体传动路线短、结构简单、电动机布置灵活、相位调节调整方便、适应性强，是冷镦机传动系统发展的主要方向；链轮链条式主要在美国 National Machinery 公司生产的冷镦机上采用，可以实现远距离的传递，传动系统重量轻、惯性小，但在传动链间有严格的相位匹配，须注意传动系统的正时特性；中国大陆的冷镦机产品主要是在参考中国台湾机型的基础上发展起来的，而中国台湾机型又是源自日本和韩国，日本机型则来自欧洲，这些国家和地区的冷镦机传动系统普遍采用大连杆式结构。大连杆式结构在传动机构之间通过机械的方式实现相位联系，在设计时已经确定，结构上保证其相位关系，联系可靠准确，同时大连杆运动是平面运动，作业时的惯性大，引起的振动也大。本章主要介绍在我国得到广泛应用的大连杆式结构的内传动系统。

图 2-4 所示为螺栓机的内传动系统。由图 2-4 可以看出，冷镦机执行机构的传动都是由曲轴 1 传出，并与曲轴保持相同的转速和一定的相位关系。由曲轴 1 直接传出的传动路线如下。

1）通过与曲拐连接的连杆将动力直接传给曲轴滑块机构（见第 3 章曲轴滑块机构），产生用于镦锻作业的镦锻力并带动前顶出执行机构运动。

2）由曲轴上处于飞轮另一端的剪切偏心轮 3 通过剪切连杆 4 传给剪切机构，对盘料进行剪切作业，将连续的长料剪成适合镦锻要求的坯料。

3）由正时主动齿轮 2 传出的是分配给其他执行机构的动力，经由中间轴分配给其他机构。

曲轴 1 上的正时主动齿轮 2 先通过与正时从动齿轮 5 啮合（齿数、模数相同，速比为 1，齿间啮合的位置不能改变，在两齿轮上有装配对正记号）将动力传给中轴 16；利用冷镦机床身中间下方的空间，在中轴 16 上安装后通偏心轮 17，通过后通连杆 8 将动力传给后通出机构，用于定模腔内的坏料顶出；中轴 16 端部的中轴主动锥齿轮 15 改变传动方向，将动力传给侧向传动的侧向传入锥齿轮 14 和侧向传动轴 13（在侧向传动轴 13 上安装凸轮，将动力传给夹钳传送机构）；利用侧向传动轴 13 末端的侧向传出锥齿轮 12 将动力传递给竖向传入锥齿轮 11 和竖向传动轴 10（竖向传动轴 10 上安装下挡料凸轮，用于在各工位下方挡住坯料，防止跌落）；竖轴上方的竖向传出锥齿轮 9 将动力传递给夹钳的双凸轮轴，对夹钳的夹紧和松开动作进行控制。

螺母机的内传动系统要比螺栓机的内传动系统简单，通常情况下不设置中间传动轴，动力直接由安装在曲轴上的剪切偏心轮、送料凸轮和后托偏心轮输出（见第 3 章图 3-2）。剪切偏心轮带动剪切连杆对盘料进行剪切的同时，通过在剪切机构上的偏心盖带动夹钳机构运动；送料凸轮带动送料连杆送料；后托

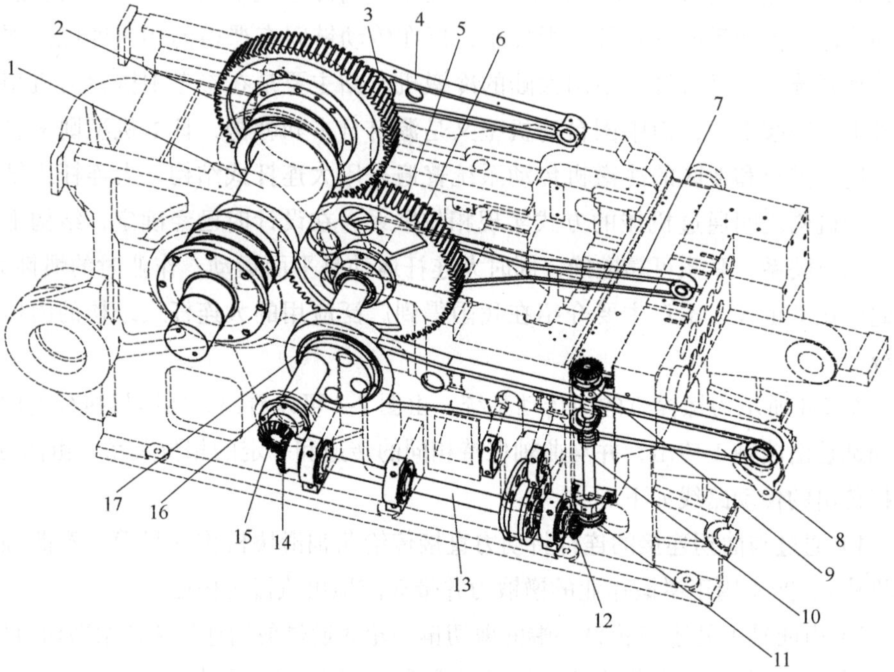

图 2-4 螺栓机内传动系统

1—曲轴 2—正时主动齿轮 3—剪切偏心轮 4—剪切连杆 5—正时从动齿轮 6—送料偏心轮 7—送料连杆 8—后通连杆 9—竖向传出锥齿轮 10—竖向传动轴 11—竖向传入锥齿轮 12—侧向传出锥齿轮 13—侧向传动轴 14—侧向传入锥齿轮 15—中轴主动锥齿轮 16—中轴 17—后通偏心轮

凸轮的主要作用是完成对定模内的坯料完成顶出作业。

内传动系统各轴的结构与组成如图 2-5~图 2-7 所示。

图 2-5 所示的中轴组件由曲轴上的正时主动齿轮（见图 2-4 中的 2）将动力传递给正时从动齿轮 10（见图 2-4 中的 5），然后通过平键 11 将动力传给中轴 15。由中轴 15 传出的机构有送料偏心轮 8、后通偏心轮 22 和输出锥齿轮 28，分别用平键 5、23 和 30 与中轴 15 连接。在中轴 15 上的键槽处在同一方向上加工，这样既保证键槽加工有良好的加工工艺性，又保证各输出件间良好的相位联系；中轴 15 用滚动轴承支承安装到床身上，本结构是采用调心滚子轴承 14、17 和 24 的三支点结构型式，三支点有利于改善中轴 15 的受力状态，提高刚性，但三支点对同轴度要求高，各种误差和变形的存在给装配调整带来困难，也会在使用中产生振动和异响，而采用调心轴承能很好地补偿对中误差和变形，有效地

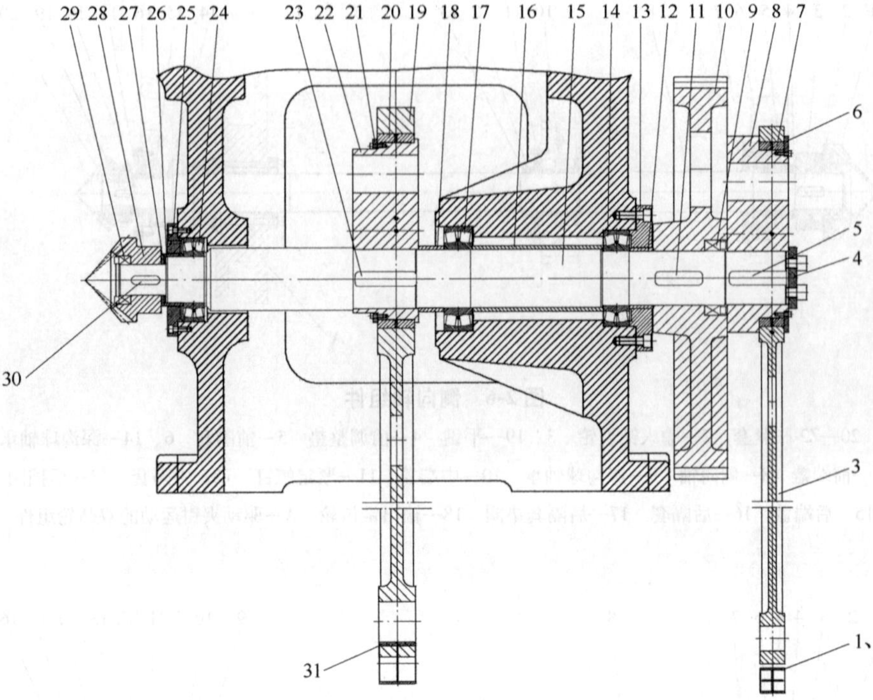

图 2-5 中轴组件

1—平端紧定螺钉（骑缝螺钉） 2—送料连杆小衬套 3—送料连杆 4—轴端盖 5—平键（送料偏心轮） 6—送料连杆盖 7—送料连杆大衬套 8—送料偏心轮 9、29—Z2 胀紧套 10—正时从动齿轮 11—平键（正时齿轮） 12—隔圈（从动齿轮） 13—轴承端盖（剪切侧） 14、17、24—调心滚子轴承 15—中轴 16—中间隔套 18—隔套（后通出连杆） 19—后通出连杆 20—后通出连杆大衬套 21—连杆压盖（后通出） 22—后通偏心轮 23—平键（后通偏心轮） 25—轴承盖 26—锥齿轮隔圈 27—调整垫圈 28—输出锥齿轮 30—平键（锥齿轮） 31—后通出连杆小衬套

保证装配和运行要求。送料偏心轮 8 与送料连杆 3、后通偏心轮 22 与后通出连杆 19 之间分别通过送料连杆大衬套 7 和后通出连杆大衬套 20 连接，在连杆的另一端（连杆小直径端）也分别装有送料连杆小衬套 2 和后通出连杆小衬套 31，在衬套与连杆孔之间采用小过盈或过渡配合时，以连杆的端面或衬套的肩面定位，在连杆孔与轴承间的接缝处加工数个（有 2 个、3 个或 4 个等）螺孔，旋入平端紧定螺钉（骑缝螺钉）1 定位防松。轴上零件在中轴上采用轴肩、隔圈（12、26）、隔套（16、18）、盖（4、6、13、21）等双向定位；调整垫圈 27 是

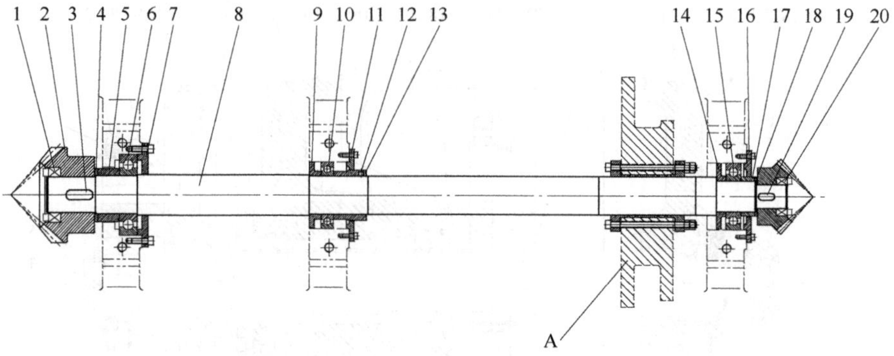

图 2-6　侧向轴组件

1、20—Z2 胀紧套　2—输入锥齿轮　3、19—平键　4—前调整垫　5—前隔套　6、14—深沟球轴承　7—前端盖　8—侧向轴　9—深沟球轴承　10—中端盖　11—紧定螺钉　12—中隔套　13—后挡圈　15—后端盖　16—后隔套　17—后隔套垫圈　18—输出锥齿轮　A—驱动夹钳运动的双凸轮组件

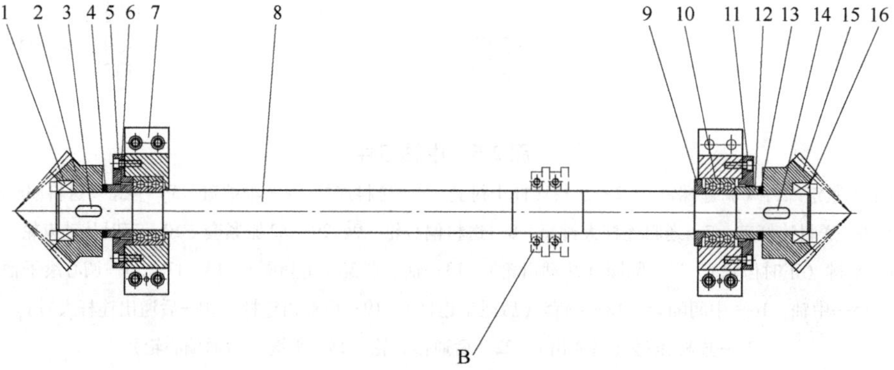

图 2-7　竖向轴组件

1、16—Z2 胀紧套　2—输入锥齿轮　3、14—平键　4、13—调整垫圈　5—下端盖　6—下隔圈　7、10—深沟球轴承　8—竖向轴　9—上隔圈　11—上端盖　12—上隔套　15—输出锥齿轮　B—挡料传动部分的凸轮组件

用来调整输出锥齿轮 28 的啮合间隙和啮合位置；Z2 胀紧套 9 可用来传递转矩，也兼有定心和轴间定位功能，Z2 胀紧套 9 和 29 的主要作用是定心和轴向定位。

图 2-6 的侧向轴组件和图 2-7 的竖向轴组件的结构组成基本相同，前者在机器的侧面、沿前后方向水平安装，后者在机器前方竖直安装，两者相互垂直，用锥齿轮改变传递动力的方向。在轴上安装传递给执行件运动所要求的凸轮机构。两个组件中的侧向轴和竖向轴分别用深沟球轴承安装在轴承座上，轴承在

轴上用轴肩、隔套、紧定螺钉等进行全定位；输入锥齿轮与输出锥齿轮用键传递转矩，键槽在同一方向，保证传动件间传递的相位关系；锥齿轮上的键槽不能随意加工，这是保证相位关系的关键，应以轮齿或齿根的中心作为键槽的中心；锥齿轮的啮合间隙和接触位置用修磨调整垫片来调整，同时承载锥齿轮传动产生的轴向力；两端锥齿轮孔用的 Z2 胀紧套用来轴向定位和定心。

图 2-6 的 A 组件是从该传动机构分配给夹钳传动的双凸轮组件，图 2-7 的 B 组件是挡料传动部分的凸轮组件。图 2-6 的传动组件采用三支承结构，是为了提高轴的刚度（当轴的长度较大时采用）而配置。当轴向支承距离短且凸轮的受力不大时，也可以采用两个支承。

第3章 曲轴滑块机构

3

曲轴滑块机构是冷镦机机械系统中最重要的部分，它将曲轴的旋转运动通过连杆转变为滑块的往复运动，产生冷镦加工所需要的镦锻力，同时将曲轴运动和动力传递给冷镦机的各执行机构，保持机构之间准确的相位关系，使各部分协调动作。

曲轴滑块机构也为成形部分的动模提供安装基础，为动模的顶出运动提供动力和足够的行程。

3.1 曲轴滑块机构的工作原理及组成

曲轴滑块机构是本行业内的常用说法，同样的机构在汽车发动机中称为曲柄连杆机构，在机械原理中称为曲柄滑块机构。它以机体（也称床身）为基础件安装，由曲轴组件、连杆组件、滑块组件和机体组件四部分组成。多工位冷镦机上的曲轴滑块机构一般采用正置配置，曲轴中心与滑块的运动方向处在同一平面且多为卧式布置，这种配置形式可减小机构的垂直运动分量（力）对镦锻过程的影响。

曲轴滑块机构的作用是将曲轴的旋转运动转化为滑块的往复直线运动，曲轴的转矩转换为滑块的水平镦锻力。曲轴滑块机构由曲轴的旋转运动带动连杆运动，连杆牵引滑块做往复运动，连杆自身做平面运动。曲轴滑块机构如图 3-1 所示。

大多数冷镦机采用单连杆机构（见图 3-1a)，各工位可同时实现同步镦锻作业，能够满足多数情况下的加工要求。从曲轴的受力角度考虑，曲轴自身的刚性比较差，随着加工工位数的增加、机体的跨度（曲轴的支承）增大，曲轴的刚性随着变差，受力变形增大，在同样要求的镦锻力下，变形会明显加大，严

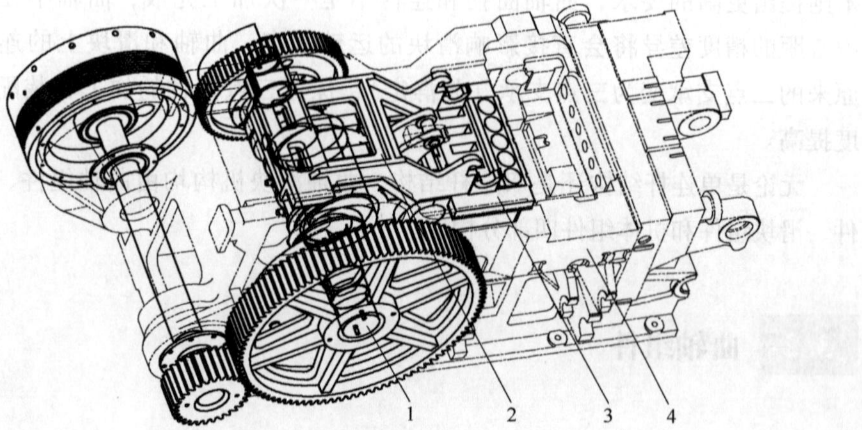

a) 单连杆结构

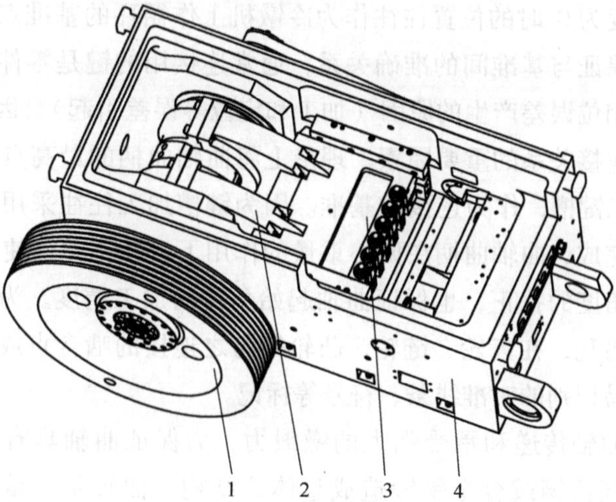

b) 双连杆结构

图 3-1　曲轴滑块机构

1—曲轴组件　2—连杆组件　3—滑块组件　4—机体组件

重时影响镦锻质量。从提高曲轴的截面面积（抗弯截面模量）来提高曲轴刚度，增加了尺寸、体积和材料，经济上又不合算。

当曲轴支承跨度增加，为提高曲轴的刚性，保证镦锻力的可靠，在曲轴上制成两个曲拐，两个曲拐的方向相同，中间增加一个支承来提高曲轴的刚性，采用图 3-1b 所示的双连杆结构。使用中为了方便设计和制造，两个连杆的结构相同。该结构使两连杆靠近两侧的滑块导轨，有效地提高了曲轴的刚性，增加了滑块运动的稳定性，使滑块受力和运动更加合理，但对加工和装配技术则提出更高的要求，曲轴曲拐和连杆不是一次加工完成，曲轴半径和连杆中心距的精度差异将会直接影响滑块的运动状态；曲轴和滑块上的连杆轴由原来的二点支承变为三点支承（超静定），保证三点同轴的加工和装配工艺难度提高。

无论是单连杆结构还是双连杆结构，曲轴滑块机构均由曲轴组件、连杆组件、滑块组件和机体组件四部分构成。

3.2 曲轴组件

冷镦机的主运动由曲轴开始，曲轴的旋转角度是其他执行机构参考的依据，曲轴旋转角度为0°时的位置往往作为冷镦机工作循环的基准点。曲轴与其他零件的连接要保证与基准间的准确关系，通常连接用的键是零件间相位传递的基准件，也是相位误差产生的原因（加工和定位等误差引起），因此，键和键槽的位置是决定连接关系的重要因素。理论上将曲轴曲柄的最高点方位记作0°，在180°位置加工键槽，作为连接的基准。因为键槽加工往往采用V形块定位，在铣床上铣削完成，曲轴曲柄在偏心重量的作用下自然下垂，使0°准确地处于正下方，方便角度的找正，也保证曲轴起始角度的加工精度。为防止装配和维修时的混淆和错乱，在齿轮、链轮、凸轮等与之连接的啮合点或其他接触处的明显位置标示易识别的对准线条、符号等标记。

冷镦机曲轴传递和承受强大的镦锻力，为保证曲轴具有足够的强度和刚度，用优质碳素钢或合金钢锻造成整体式结构。曲轴是一偏心结构，旋转时会产生很大的离心力作用于基础件上，使机器产生振动，曲轴自身需要做平衡处理。

曲轴结构主要由主轴颈和连杆轴颈组成，连杆轴颈与连杆相连，中间采用能承受强大冲击的减摩轴瓦；连杆轴颈中心与主轴颈中心之间的距离，即回转半径，决定滑块的行程；主轴颈作为曲轴的回转中心，通过轴承支承在机体上，所用轴承可以采用滚动轴承，也可采用滑动轴承，由实际结构和受力情况来决定。当工位增加时，曲轴的跨度加大，整体刚性变差，为提高曲轴刚性，应采用双曲拐曲轴的结构（见图3-1b），此时有三个主轴颈、两个连杆轴颈，增加了一个中间主轴颈，中间主轴颈无法从轴端装入，只能采用剖开式的滑动轴承（轴瓦）来支承。

曲轴传递给滑块和其他各执行机构的力不是均匀连续的，镦锻时的冲击负载作用最大，回程和在其他位置（角度）时受到的力很小，显然曲轴在负载大时速度变慢，负载小时速度变快，在一个周期内的旋转运动出现时快时慢的交变状态，负载增大严重时甚至会停止。这与选择的电动机转矩大小有关。为了减小电动机的容量，使旋转运动速度尽可能均匀，需要转动惯量大的飞轮在曲轴回程或负载小时储存动能，在冷镦时释放能量形成强大的瞬时镦锻力，并且使转速稳定。冷镦机的飞轮由外传动系统中的从动轮（曲轴上的齿轮或带轮）兼任，按飞轮的转动惯量要求预先设定从动轮的直径和质量，再按减速比要求来设计主动轮的尺寸。

冷镦机各执行机构的运动与曲轴之间遵守严格的相位联系，由曲轴提供动力，直接或间接地与各执行机构连接在一起。因此，曲轴上安装有向执行机构传递动力的齿轮、凸轮等零件。对于不同功能和结构的冷镦机，其传递要求和形式也不同。

图3-2所示的曲轴组件是螺母机的常用结构，其传动路线短、组成简洁，结构特点是主轴承采用滚动轴承。两端主轴颈由调心滚子轴承18支承，定心精度高，转动灵活；调心滚子轴承18通过曲轴轴承座17安装到机体上，主要原因是曲轴从轴向穿入机体的轴承孔，要求孔径大于曲轴上最大部位的尺寸，曲轴轴承座17来填补轴承外径的不足，同时又可用来调整曲轴孔中心与运动方向间的垂直度，补偿加工误差，提高装配精度，也方便调整动、定模之间的对中性；曲轴轴承盖16作轴承外圈的轴向定位，内圈采用曲轴垫圈19和曲轴隔套15进行轴向定位。连接各执行机构的键槽位置在同一方向，处于曲拐的下方，与曲拐的位置成180°，提供良好的加工工艺性和装配工艺性；平键2连接飞轮（减速大带轮）7，为曲轴提供动力并储存能量，经曲轴1传递给各执行机构的力和运动通过键实现，键32连接剪切偏心轮22，将动力通过剪切连杆30传递给剪切机构；键33连接后托偏心轮14，将动力传递给定模顶出（后托）机构，这种配置保证各机构工作时的相位关系，为各机构间的设计和调整提供统一的工作基准（180°位置作为设计基准和装配基准）。

带轮是前端减速机构的从动带轮，兼任曲轴飞轮7，飞轮借助飞轮锥套6、飞轮锥套压盖5，通过平键2安装在曲轴1上，飞轮锁紧螺母4对其进行轴向锁紧、定位并防松。在运行过程中，带和带轮不得接触油污，油污会影响带的使用寿命，减小摩擦力，从而影响功率传递。采用挡油盖10隔离机体侧的润滑油外溅；挡油盖10固定在机体的侧面，采用轴承座套11和圆柱滚子轴承12与曲轴 1 连接并定心，通过设置骨架油封 9 增强密封效果，并方便挡油部分构件的加工和装配，提高工艺性。进入挡油盖 10 腔内的润滑油通过下方的漏油管 34 排出，防止带及带轮接触油污。

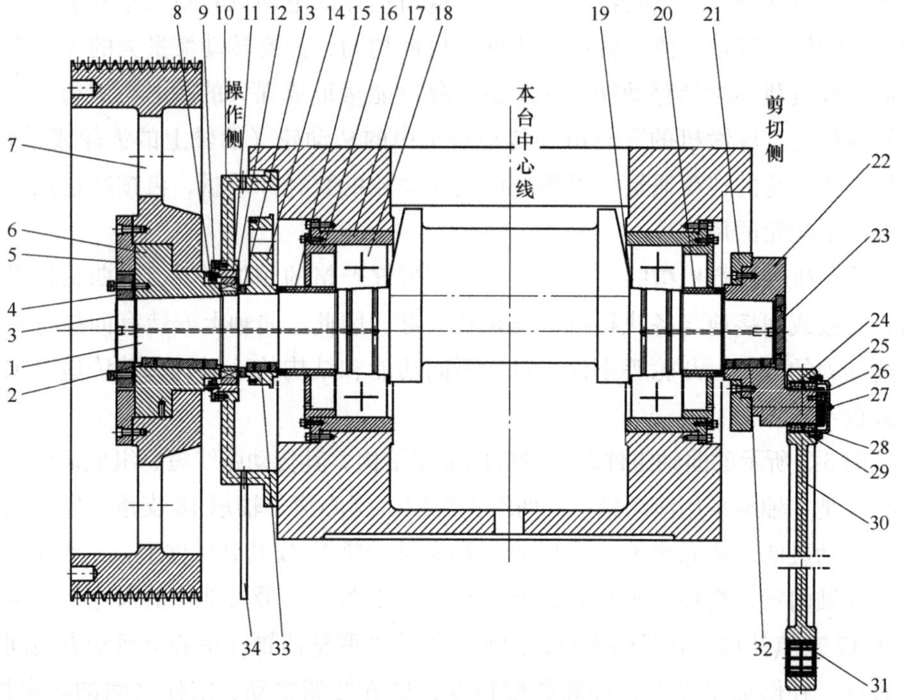

图 3-2　螺母机的曲轴组件

1—曲轴　2—平键　3—飞轮分度盘　4—飞轮锁紧螺母　5—飞轮锥套压盖　6—飞轮锥套　7—飞轮（减速大带轮）　8—压块　9—骨架油封　10—挡油盖　11—轴承座套　12—圆柱滚子轴承　13—调整套　14—后托偏心轮　15—曲轴隔套　16—曲轴轴承盖　17—曲轴轴承座　18、28—调心滚子轴承　19—曲轴垫圈　20—曲轴隔套　21—送料凸轮　22—剪切偏心轮　23—曲轴压盖　24—剪切连杆调心垫圈　25—剪切连杆压盖　26—偏心轮压盖　27—直通式压注油杯　29—轴承隔圈　30—剪切连杆　31—剪切连杆滑动轴承　32—键（剪切偏心轮）　33—键（后托偏心轮）　34—漏油管

送料机构和剪切机构的传动结构安装在曲轴 1 的端部，送料凸轮 21 安装在剪切偏心轮 22 上，用键 32 与曲轴连接，轴端用曲轴压盖 23 轴向定位并防松。剪切偏心轮 22 通过调心滚子轴承 28 将动力传递给剪切连杆 30；在调心滚子轴承 28 处用剪切连杆调心垫圈 24 和轴承隔圈 29 调整游隙和间隔，偏心轮压盖 26 用于轴向定位并防松，剪切连杆压盖 25 保护轴承，其上的直通式压注油杯 27 提供调心滚子轴承 28 所需的油脂润滑。

图 3-3 所示的曲轴组件用于精度要求高、承受载荷大、传动复杂的螺栓机。曲轴 1 的主轴颈采用滑动轴承，由主轴承一 7 和主轴承二 9 支承，能承受更大的镦锻力，滑动轴承通过主轴承套一 5 和主轴承套二 8 安装在机体上，由调整垫片 6 调节轴向间隙；用平键 18 连接的平衡块 4 在曲拐的反方向增加质量，能平衡曲轴曲拐偏心引起的大部分惯性力，减小质量偏心产生的离心力在运动中引起的振动，使运动平稳；飞轮（减速大齿轮）3 用 Z2 胀紧套 2 与曲轴 1 连接，结构简单、装配方便，避免铣削键槽产生的应力集中对曲轴部分的强度有影响，同时齿轮与其他传动部件一样采用油润滑，不需要与其他润滑隔离。

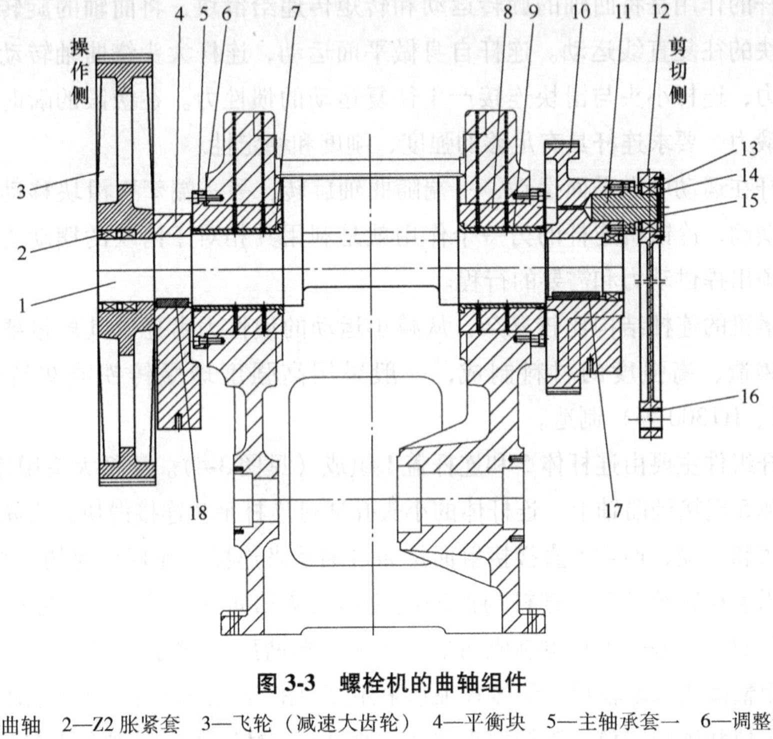

图 3-3　螺栓机的曲轴组件

1—曲轴　2—Z2 胀紧套　3—飞轮（减速大齿轮）　4—平衡块　5—主轴承套一　6—调整垫片　7—主轴承一　8—主轴承套二　9—主轴承二　10—内传动主动正时齿轮　11—剪切连杆轴　12—剪切连杆　13—轴用弹性挡圈　14—调心滚子轴承　15—剪切连杆轴承盖　16—滑动轴承（衬套）　17—平键（主动正时齿轮）　18—平键

曲轴 1 把动力传递给后续的执行机构，只有剪切机构直接从曲轴传出，其他机构则通过内传动主动正时齿轮 10 传递到工作部位再分配动力（见第 2 章传动系统）。内传动主动正时齿轮 10 用平键 17 与曲轴曲拐相差 180°连接，剪切连杆 12 通过安装在内传动主动正时齿轮 10 上的剪切连杆轴 11（偏心布置在齿轮上）带动；剪切连杆 12 与剪切连杆轴 11 用调心滚子轴承 14 连接，用轴用弹性挡圈 13 作内侧轴向定位，外侧用剪切连杆轴承盖 15 定位。剪切连杆 12 将动力传递给剪切机构，为提高剪切连杆 12 的刚性，常采用工字形截面结构；剪切连杆 12 小头用滑动轴承（衬套）16，减小磨损。

3.3 连杆组件

连杆的作用是将曲轴的旋转运动和转矩传递给滑块，将曲轴的旋转运动转化为滑块的往复直线运动。连杆自身做平面运动，连杆大头绕曲轴转动产生旋转惯性力，连杆小头与滑块连接产生往复运动的惯性力。在镦锻的瞬时传递强大的镦锻力，要求连杆具有足够的强度、刚度和稳定性。

连杆在运动中做平面运动，一端随曲轴旋转，另一端牵引滑块移动并相对于滑块摆动，冷镦机连杆的另一个作用就是利用其相对于滑块的摆动为动模上的坯料顶出提供动力和需要的行程。

冷镦机的连杆结构比较复杂，从减小运动的惯性力考虑，其质量要小，宜采用易铸造、高强度的材料制成，一般采用高强度球墨铸铁或灰铸铁（如 QT500-7、HT300 等）制造。

连杆组件主要由连杆体 5 和连杆盖 1 组成（见图 3-4）。连杆大头用连杆盖 1 和连杆体 5 连接到曲轴上，连杆体的小头孔通过连杆轴 8 连接滑块，为减小运动时的摩擦和磨损，通常不直接接触而是通过轴承来连接。连杆传递的力量很大，通常采用滑动轴承结构，连杆与曲轴连接不能从轴向直接装入，连杆被切成两部分，与曲轴接触的轴承也制成两半的结构（称轴瓦），连接滑块部分的连杆轴承 6 采用整体式滑动轴承。整体式轴承采用过盈配合的同时用连杆轴承压块 7 实现周向定位和轴向定位，连杆大头轴瓦 4 通过固定螺钉 2 固定到连杆盖 1 和连杆体 5 上，也能达到周向和轴向定位要求。

滑动轴承的材料采用耐磨性和吸收振动好的锡青铜，也有用铸铁和钢制的轴承。轴瓦和整体轴承在其内壁加工有径向环形和轴向（不能开通）油槽，使滑动面间得到充分的润滑。

连杆螺栓 3 虽没有承受全部镦锻力（镦锻时处于受压状态），但也传递运动过程中的整体动载荷，一般选用高强度螺栓，按要求的旋紧力矩旋紧固定，并

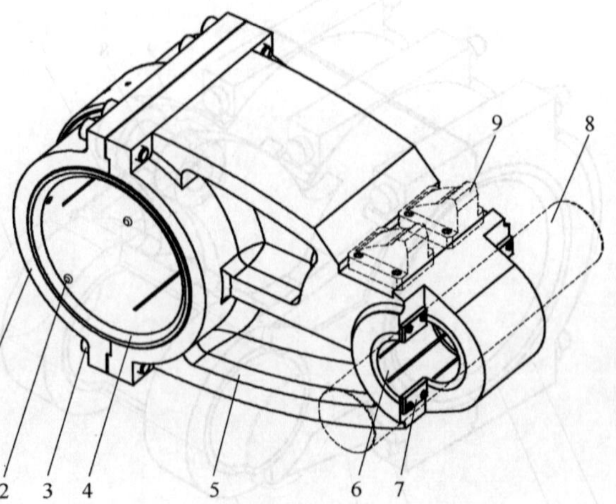

图 3-4　螺母机连杆组件

1—连杆盖　2—固定螺钉　3—连杆螺栓　4—连杆大头轴瓦　5—连杆体
6—连杆轴承　7—连杆轴承压块　8—连杆轴　9—前顶出凸轮

采用可靠的防松措施（锁片、钢丝、自锁螺母或防松胶），防止螺栓松动或脱落，保证工作安全。

图 3-5 所示为一种螺栓机连杆组件，与图 3-4 的结构类似。根据传递力的大小配置连杆体 4 与连杆盖 1 的连杆轴瓦固定螺钉 3 的数量；对于连杆小头与滑块的连接方式，图 3-5 所示的连杆组件在连杆上采用双支点，滑块上采用单支点，而图 3-4 所示的连杆组件在滑块上采用双支点，在连杆上采用单支点。

动模的顶出力和顶出行程是利用连杆的摆动运动获得的，具体应用中所用原理相同但其结构和布置则有所不同。图 3-4 所示的连杆组件利用安装在连杆上的前顶出凸轮 9 带动安装在滑块上的顶出机构来实现；而图 3-5 所示的连杆组件利用连杆上方的叉形结构的滚轮轴 8 按压安装在滑块上的前顶出摇臂上的前顶出凸轮轴 7，以此来传递顶出运动的动力和行程。为减小凸轮的磨损和运动阻力，凸轮轴与凸轮间设计成只有滚动的结构，滚轮轴 8 的两端支承（或与凸轮接触部位）常用滚动轴承 9，用轴用挡圈对轴作轴向定位；或滚轮轴 8 两端固定，在滚轮轴的中间位置安装轴承与凸轮滚动接触。

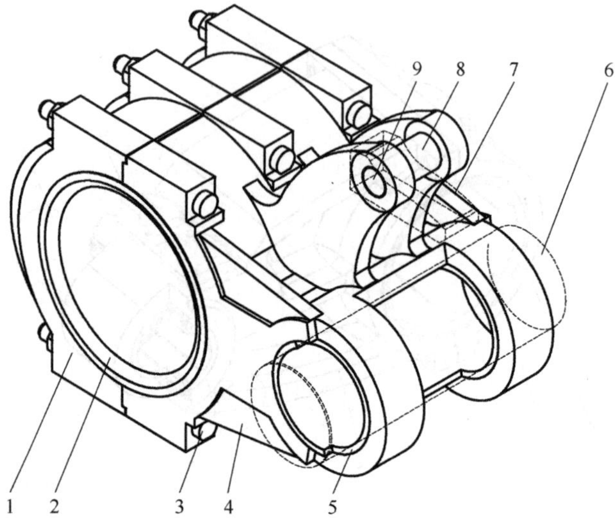

图 3-5　螺栓机连杆组件

1—连杆盖　2—连杆大头轴瓦　3—连杆轴瓦固定螺钉　4—连杆体　5—连杆轴承　6—连杆轴　7—前顶出凸轮轴　8—滚轮轴　9—滚动轴承

3.4 滑块组件

滑块的作用是承受由曲轴和连杆传来的镦锻力，对坯料进行镦锻施压并使其成形，同时滑块为成形系统的动模及其顶出机构提供安装基面和动力。

滑块是一个箱式结构，形状复杂，通常用高强度球墨铸铁或灰铸铁浇铸而成。

滑块只允许在一个方向上往复运动，即保持沿床身前后方向的运动，为此，在两侧面和其上方设计导向面，保证其沿床身前后方向运动的准确性。滑块的运动方向也就是施加镦锻力的方向，力在曲轴滑块机构内部实现平衡；设置在滑块两侧的两个垂直大平面作为侧导向面，相互间必须有较高的平行度，运动时两侧的配合间隙合适；两侧导向面上方两条细长的水平面（主导向面）作为承重导轨面与床身导轨接触，两水平导轨应在同一水平面内，并要有足够的接触刚度；水平导轨与垂直导轨间保证垂直度要求，同时二者要与连杆轴线保证垂直。运动表面间的表面粗糙度应控制在 $Ra1.6\mu m$ 以下，以减少摩擦阻力。

两侧处于垂直方向的导向面理论上不受力（实际上只受运动偏转的压力和

摩擦力)，产生的摩擦磨损小，通常在滑块上直接加工而成；水平的承重导轨面承受滑块的重力与床身导轨接触，往往在滑块水平导轨面的下方贴上耐磨导轨板减小磨损。在使用中，当磨损较大并影响到加工质量时，需要更换耐磨导轨板，也方便机器精度的修复；水平导轨的上方在机体上用压板压住滑块，防止在镦锻时产生振动和俯仰摆动。

从滑块工作的平稳性角度考虑，滑块与连杆的连接点（连杆轴）靠近模具的安装面和受力点，当受力方向产生偏离时，滑块产生的上下摆动的幅度也小些；导轨长度大对导向有利。图 3-6 所示为螺母机上用得较多的单导轨滑块组件，图 3-7 所示的螺栓机滑块组件则采用的是主副导轨结构，主副导轨使整个导向长度变大，主副导轨分段，使加工和运动的平面度处理更方便，采用不在同一平面内的主副导轨结构能有效地抑制镦锻力在俯仰方向产生的翻转力矩，增强镦锻工作的平稳性，但两导轨面间的尺寸精度和平行度对滑块运行的精度影响很大，增加了制造和装配的难度。

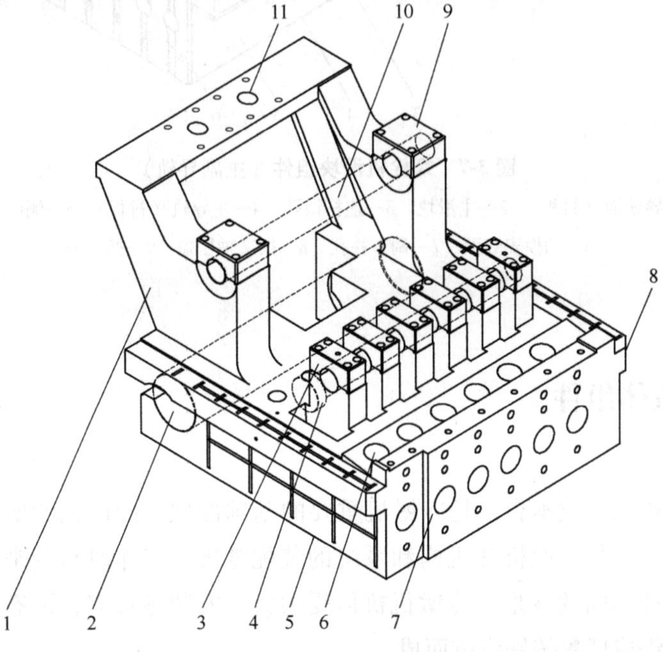

图 3-6　螺母机单导轨滑块组件

1—主滑块　2—连杆轴孔　3—摆叉轴压盖　4—摆叉轴　5—侧导向面（左、右）　6—调节柱孔
7—动模安装面　8—水平导向面（左、右）　9—主动摇臂轴压盖　10—主动摇臂轴　11—弹簧杆座孔

滑块的前端面（见图 3-6 的 7 和图 3-7 的 6）用来安装成形系统的动模部分

（见第6章），滑块的上方部分（见图3-6的3、4、6、9、10和图3-7的7、8、9）主要用于安装动模顶出执行机构，与滑块前部的孔系组合作为动模的调整和顶出机构运动的通道。

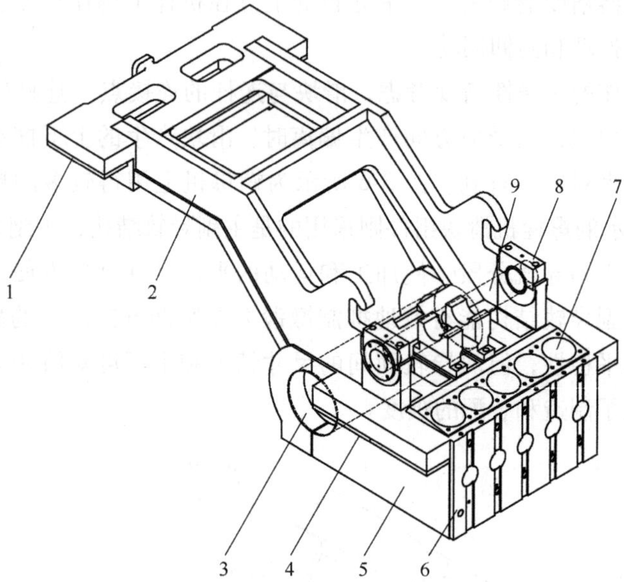

图3-7 螺栓机滑块组件（主副导轨）

1—副导轨面（衬板） 2—主滑块 3—连杆销孔 4—主导轨（衬板） 5—侧向导向面 6—动模安装面 7—调节柱孔 8—摆叉轴压盖 9—摆叉轴

3.5 机体组件

机体又称床身或本台，是冷镦机重要的基础部件，冷镦机的所有零部件都安装在机体上，是冷镦机各机构和系统的装配基准，工作时承受来自各部分的作用力和各种不同的变形。冷镦机机体受力大，安装零件多，形态复杂，常用高强度灰铸铁或球墨铸铁浇铸而成。

图3-8所示为典型的螺母机机体组件，尤其是在小型机上的应用比较广泛。这种结构的侧导轨和水平导轨制成一个整体，可用耐磨高强度材料制作，单独加工后进行装配，简化了机体的结构和导轨面的加工难度。导轨单独加工成形，方便进行热处理和磨削加工，保证两导轨面间的形状和位置精度、表面质量和

硬度，加工精度高，制造成本低；装配精度通过调节和修配的方法来保证。采用修配法是将滑块装入机体后，测量滑块的导向面与机体内侧的尺寸，确定修磨导轨板的厚度，为达到高的装配精度，需要准确测量，精细修磨，这样处理的装配质量高、刚性好，但磨损后需要更换导轨板才能修复精度。为了减少装配工作量和便于磨损后的精度修复，往往首先将其中一块导轨板直接安装到机体上，然后采用推拉机构，基于另一块导轨板来调节导轨与滑块侧面的间隙。推拉机构由内六角螺钉和外螺纹套筒组成（或分开处理，一个螺钉用于顶压导轨板，另一个螺钉用于旋紧导轨板），先用已固定到机体外部的外螺纹套筒从侧面顶住导轨板，用套筒内部的内六角螺钉紧固导轨板。当要求使滑块的运动间隙变小时，将套筒进一步顶紧导轨板；当需要使间隙变大时，将套筒旋出一些；当间隙合适时，锁紧各内六角螺钉，至此就完成了导轨板的安装和间隙调整作业。当使用中滑块的侧导向面与导轨面磨损后两侧间隙变大时，可用同样的方法来调整。用调整法调整间隙，装配方便快捷，精度恢复及修复容易，但刚性差，仅适用于承受作用力较小的场合。

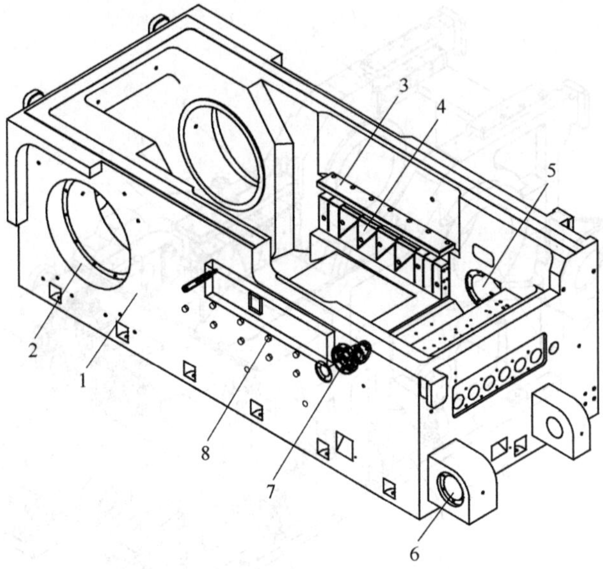

图 3-8　典型的螺母机机体组件

1—机体　2—曲轴孔　3—压板　4—导轨板　5—剪切筒安装孔

6—后顶出机构安装座　7—脱料机构　8—顶拉调节机构

压板 3 用来限制滑块向上的运动和受力时产生向上的摆动，保证滑块运动平稳。压板与滑块上表面的配合间隙也可用修配法或调整法调节。

由此可见，曲轴滑块机构的滑块（见图 3-6）安装在由机体上的导轨板 4 和压板 3 限制的空间内，仅做前后单方向运动；曲轴组件（见图 3-2）安装在机体组件（见图 3-8）的曲轴孔 2 内，连杆组件（见图 3-4）连接曲轴和滑块，构成螺母机的曲轴滑块机构。

图 3-9 所示的螺栓机机体组件是大型螺栓机上普遍采用的主、副双导轨机体结构。导轨分为两段，前段由主导轨板 10 和主侧导轨板 11 构成主导轨，后段由副导轨板 7 和副侧导轨板 8 构成副导轨；主导轨与副导轨不在同一平面内，充分利用机体的后部空间，使滑块具有较长的导向长度。该机型的水平导轨和侧面导轨通常采用锡青铜等耐磨材料制造，可减小运动表面的磨损。导轨的接触面较长，常采用拼接方法分块安装在机体上，装配时的配合间隙要求通常采用修配法保证，因此，这种结构的刚性好，能承受较大的载荷和冲击力作用，适用于大型重载的冷镦机结构。导轨板表面都加工有不外泄的连通储油槽和注油孔，有的结构使滑块的上下运动表面的油道相通，保证滑块的上下表面在导轨与压板间都能得到更好的润滑。

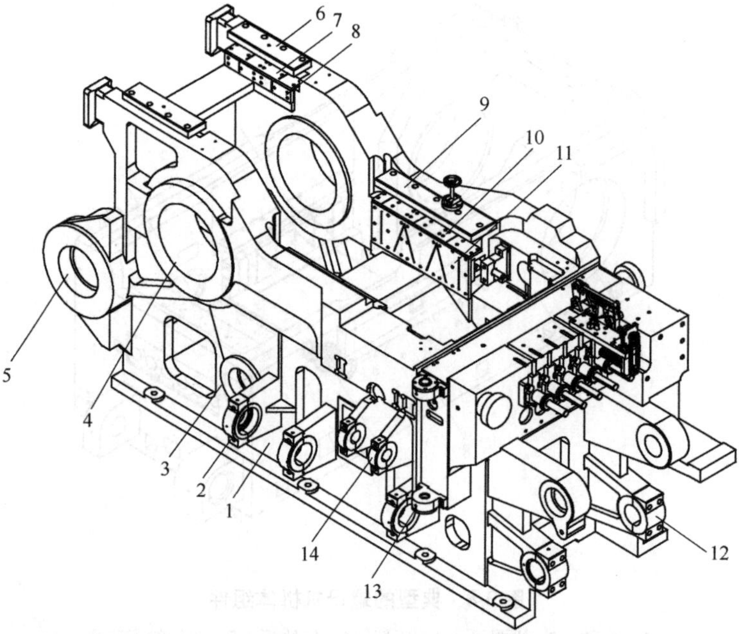

图 3-9　螺栓机机体组件

1—机体　2—侧传动支座　3—中间轴支座　4—曲轴支承孔　5—中间减速轴支座
6—副压板　7—副导轨板　8—副侧导轨板　9—主压板　10—主导轨板
11—主侧导轨板　12—后顶出传动座　13—竖传动支座　14—夹子传动机构支座

主压板 9 和副压板 6 的安装也可用修配法或调整法控制其与滑块间的间隙。

综合上述内容，螺栓机的曲轴滑块机构的滑块组件（见图 3-7）安装在床身主导轨板 10、副导轨板 7 之上，主侧导轨板 11、副侧导轨板 8 之间，由主压板 9、副压板 6 限制其上下的振动；曲轴组件（见图 3-3）安装在床身的曲轴支承孔 4 内，连杆组件（见图 3-5）连接曲轴上的曲柄和滑块，构成螺栓机的曲轴滑块机构。

此外，第 2 章提及的中轴组件（见图 2-5）安装在床身的中间轴支座 3 内，侧向轴组件（见图 2-6）安装在床身侧面 3 个侧传动支座 2 上，竖向轴组件（见图 2-7）安装在后端 2 个竖传动支座 13 上。外减速传动机构的中间轴（一端是从动大带轮，另一端是主动小齿轮）安装在中间减速轴支座 5 内。

第4章 坯料整备系统

4

多工位冷镦机在国家标准中属自动镦锻（成形）机类，多工位自动冷镦（成形）机组，顾名思义，是一种自动化程度较高的机器，能在较长时间内进行从原材料到成品的加工，而原材料供应的连续性才能保证加工的连续性和自动化。因此，多工位冷镦机的原材料往往采用盘料。在盘料绕制过程中，原本拉制的笔直线材会产生弯曲塑性变形，绕在内圈的曲率半径小，弯曲变形量大，绕在外圈的曲率半径大，弯曲变形量小。而在冷镦前又要将已弯曲的盘料线材展开、校直、送进，按需要长度（或体积）切断、供给冷镦机进行多次镦锻，生产所需要的最终零件。为此，坯料整备系统按其工作要求由下面四个部分组成。

1）送料架：为盘料提供支承，并能在材料送进拉力的作用下轻松地将盘料拉（送）出、展开。

2）校直机构：通过不同方向的高效施压，将已产生弯曲变形，具有不同曲率半径的卷料转变成平直、连续且有良好直线度的材料。

3）送料机构：将已校直的原料夹紧向前送进，满足镦锻加工零件要求的、一定量的长度（或体积），为材料的切断提供准确的材料准备。

4）剪切机构：将供给的材料切成段，成为镦锻的坯料，并送进到设定的工作位置，供后续的自动镦锻取用。

4.1 送料架

送料架最基本的功能是放置冷镦加工的盘料，按盘料放置的形式分为立式送料架（盘料中心线垂直向上）和卧式送料架（盘料中心线水平放置）。图 4-1 所示为立式送料架，它本质上是一个料架，没有“送”的能力。这种料架设置了能够绕自身轴线转动的结构，在外力的作用下，拉动盘料的料头，利用送料架的转动，可以将盘料由外圈至内圈（与卷制的过程相反）慢慢拉出，“送”到后面的校直机构进行校直。立式送料架的盘料放置在上方的料盘上，重心高，稳定性差，当放置的盘料偏置时，易产生倾倒的风险，因此在线材直径小、整个盘料的重量轻的场合使用。卧式送料架则主要用于加工线材直径大、整个盘料重量较大，拉出线材需要的拉力也大的场合，而冷镦送料不是连续送料，而是间歇送料，在送和停的时候产生的惯性会影响整个材料整备的进程和质量，若将其与后续的校直机构组合成一体，可构成开卷-校直机构（见 4. 2. 3 小节）。开卷-校直机构的卧式送料架的送料辊筒支承盘料，与校直机构的送料辊轮由同一电动机驱动，则送料架就有一种“送”的功能。卧式送料架的送料辊筒带动盘料在垂直面内转动，将盘料从线材头部开始向外“送”出；同时由处于校直部分的送料辊轮在前方“拉”着盘料送到校直轮中校直。虽然二者由同一电动机驱动，具有固定的传动比，可以匹配料架辊筒和校直辊轮的线速度，但盘料直径在送料过程中会发生变化，使料架部分“送”出的长度与校直部分“拉”入的长度不一致，利用卧式送料架送料过程中辊筒与盘料间适当的相对滑动，可获得校直部分送料的稳定。

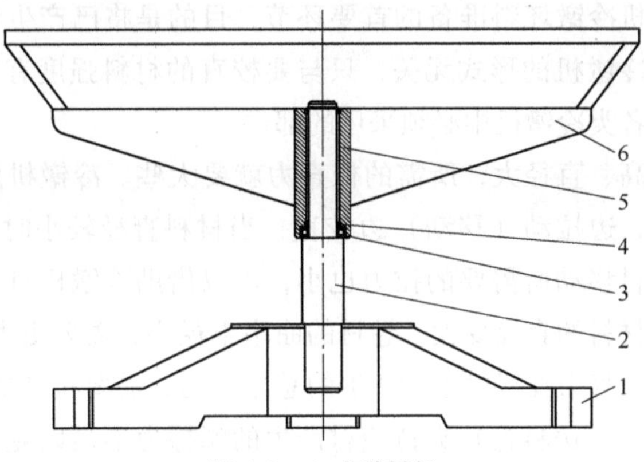

图 4-1　立式送料架

1—底座　2—立柱　3—推力轴承　4—向心轴承　5—套筒　6—料盘

图 4-1 所示的立式送料架结构并不复杂。底座 1 支承包括盘料在内的整个送料架上方部分的重量，当盘料落在料盘 6 内时，无论如何放置，都不得引起倾覆，因此，底座要足够牢固，所围成的面积尽可能大一些；立柱 2 与底座 1 连成一体，不得松动；在立柱 2 与套筒 5 之间装配推力轴承 3 和向心轴承 4，使两者之间能轻松地实现相对转动；推力轴承 3 要承受上方的所有重力，向心轴承 4 负

责保证送料架回转的可靠性；套筒5与料盘6形成整体且保证套筒轴线与料盘支承面垂直，同时底座支承底面与立柱2的轴线垂直，从而保证立式送料架的回转轴线处于垂直方向。

4.2 校直机构

校直是对本已弯曲变形的材料在相反的方向施加压力，反向弯曲产生的塑性变形程度要与原始弯曲变形程度相当，材料才可能变直；考虑到材料的弹性恢复，应使产生的反方向弯曲程度略大于原始的弯曲变形，理论上从单方向校直的压入量是线材塑性变形与弹性变形的叠加，当校直完成后弹性变形恢复原状，塑性变形抵消材料的弯曲变形，因此，将校直轮的位置相对于相邻支承轮的偏离量调整至等于其弹性变形量，就能达到对不同弯曲变形的校直要求。同时，盘料展开后的变形大小和方向是不确定的，可认为是在两个相互垂直方向变形的叠加，要使材料变直，通常在两个互相垂直的方向，即在水平和垂直两个方向分别进行校直。

校直是冷镦机冷镦坯料准备的首要环节，目的是将已产生弯曲的原材料变直，这一过程与冷镦机的形式无关，只与要校直的材料强度有关，校直机构是应用盘料加工的各类冷镦机中必须采用的部件。

材料的强度高、直径大，所需的校直力就要大些。冷镦机原材料的校直过程是连续进行的，边拉动（移动）边校直，当材料直径较小时，校直力小，校直容易，拉动线材移动所需要的拉力也小，可以借助冷镦机自身送料机构的夹持力来拉动；当材料的直径变大，卷材的曲率半径小，需要更大的校直力作用，拉动材料要克服校直力在线材上所产生的总摩擦力，需要拉动的力也随之变大；当冷镦机送料机构（送料轮）夹持线材产生的摩擦力不足以克服校直力产生的摩擦力时，再增加送料机构的夹持力又将使被夹持材料在夹持部位产生塑性变形，影响镦锻产品的质量。在这种情况下，需要在校直机构自身增加驱动材料移动的动力源。因此，根据材料直径大小，校直机构分无动力校直机构和有动力校直机构。有动力校直机构通常是采用电动机作为动力源来驱动。

通常，无动力校直机构直接安装在冷镦机的前端，与冷镦机构成一体，放置盘料的送料架处在校直机构的前端；有动力校直机构往往构成一个独立单元，安装时与冷镦机送料机构的材料进入位置要调整对中。

4.2.1 无动力校直机构

在图 4-2 所示的无动力校直机构中，送料架上的原材料通过材料导模 3 引入校直机构。材料导模 3 安装在材料导入板 2 上，同时在材料导入板 2 上安装检测材料有否通过的行程开关 1，当有材料输入时，线材与行程开关 1 接触，压迫行程开关改变状态使触点接触得电，当材料用完或未开始时行程开关 1 处于自然状态而失电，作业时可发出报警信号，提示及时补充材料。装有材料导模 3 和行程开关 1 的材料导入板 2 整体安装在校直台 17 的前方。

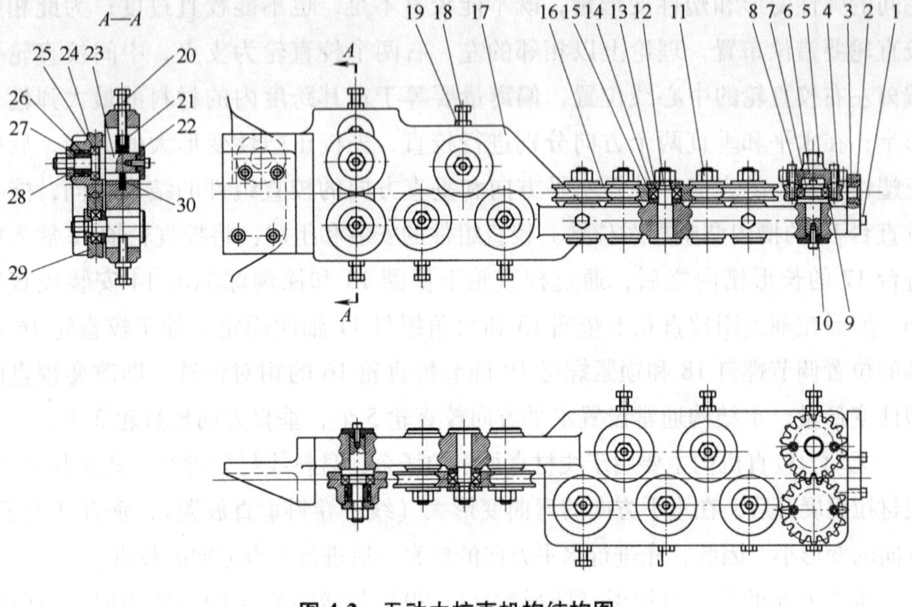

图 4-2 无动力校直机构结构图

1—行程开关 2—材料导入板 3—材料导模 4—送料轮 5—送料主动齿轮 6—送料从动齿轮 7—厚垫圈 8、14、25—深沟球轴承 9—孔用弹性挡圈 10—送料轮轴 11—六角螺母 12—校直轮轴 13—校直轮上垫圈 15—校直轮下垫圈 16—校直轮 17—校直台 18—位置调节螺钉 19—锁紧螺母 20—压力调节螺钉 21、30—压缩弹簧 22—防逆轮前垫圈 23—防逆轮轴 24—防逆轮一 26—单向轴承 27—止退垫圈 28—防逆轮后垫圈 29—防逆轮二

紧挨着材料导模 3 安装在校直台 17 前端的是一对送料轮组件。送料轮 4 通过深沟球轴承 8 和孔用弹性挡圈 9 安装在送料轮轴 10 上，上端用厚垫圈 7 固定，送料轮轴 10 以其上的两导向平面安装在校直台 17 的长形槽内，轴端用防逆轮前垫圈 22 轴向定位，处于前、后方的位置调节螺钉 18 和锁紧螺母 19 调节这对送料轮的相对位置和间隙（调整夹紧力大小）；出于对校直质量调节及开始时的送

料和引料的需要，在这对送料轮上方用螺钉安装送料主动齿轮 5 和送料从动齿轮 6，送料主动齿轮 5 的上部是六边形结构，可用扳手扳动送料主动齿轮 5 带动送料从动齿轮 6 转动，从而带动与之连接的这对送料轮（齿轮啮合）转动而完成送料，在镦锻的准备阶段，手动送入材料并校直，直到材料进入送料箱的送料轮，供给的线材后续开始自动送料为止。

送料轮 4 送出材料后进行校直，保证输入镦锻线材的直线度要求。校直的原理是压高点，从盘料展开后弯曲的高点（凸起部位）下压，产生反方向的塑性变形，抵消原来的弯曲变形。校直方法是调整校直轮的位置，综合材料在两轮间的弹性变形和塑性变形量，既不能校直不足，也不能校直过度；为此相邻校直轮要错位布置，理论上以相邻的左、右两个校直轮为支点，中间校直轮要偏离左右校直轮的中心线位置，偏离量要等于在其跨度内的材料的最大弹性变形量；在水平和垂直两个方向分别进行校直，先校正塑性变形大的方向，后校正塑性变形小的方向；并且水平方向和垂直方向的校直组件的结构相同，能在校直台 17 的槽内调整相对位置。校直组件的安装和组成：将校直轮轴 12 放入校直台 17 的长形槽内之后，通过校直轮下垫圈 15 和深沟球轴承 14 安装校直轮 16，然后在轴上用校直轮上垫圈 13 和六角螺母 11 轴向固定，处于校直轮 16 后端的位置调节螺钉 18 和锁紧螺母 19 调节校直轮 16 的相对位置，即改变校直的塑性变形量。本结构通常设置水平方向校直轮 5 个，垂直方向校直轮 3 个。

无动力校直机构主要用于线材直径小的场合，盘料线材放置在立式送料架上，线材拉出展开后，在水平方向的弯曲变形大（线材卷料垂直放置），垂直（上下）方向的变形小，因此，先进行水平方向的校直，后进行垂直方向的校直。

垂直方向的另一组轮子（防逆轮 24、29）与送料轮 4 的布置相同，由两个轮子夹紧线材。这两组轮子处于线材校直的两端，起着支承和固定线材进行校直的作用；结构上相比多了一个单向轴承 26 和作为单向轴承安装轴的止退垫圈 27，顾名思义，“防逆”或“止退”起着防止反向转动的作用，即夹在这组轮子间的线材，只能向前送往材料的剪切机构，不能后退重新进入校直区域。

材料的校直过程是线材从材料导入板 2 进入两个送料轮 4 之间，被送入水平校直轮进行反向（压高处）校直，再在垂直方向进行校直，经防逆轮送入送料机构；校直机构中的一对送料轮和一对防逆轮构成材料校直的支点，处于同一直线上；校直轮位置是将材料的凸出部位向反向压低、而凹陷部分自然通过；在将凸出部位向下压直的过程中，材料展开伸长，向两端挤压，防逆轮的单向轴承起作用，只能是向前（冷镦机的后方）送料，不能退回（向送料轮方向移动)；同时，作为校直的支点，校直轮和防逆轮与材料接触的凹槽深度都要设计得浅些，从而较好地支持和压紧材料；校直轮的轮槽通常较深，要求能很好地限制材料在凸点施压时不产生偏离和侧向滑动，准确、快速、高效地形成塑性变形，将材料恢复成直线状态。

4.2.2　有动力校直机构

电动机式校直机构作为有动力校直机构的常见形式，是以电动机产生的动力夹持并驱动待校直的线材运动，将盘料线材从送料架上拉出（见图 4-3）。电动机式校直机构作为一个独立的结构单元，采用单独的机架，校直的其他构件都安装在机架的上方。

进料套 2 是引入盘料线材校直的入口，安装在进料板 3 上，进料板 3 和其他校直零件都安装在校直机座 4 上，通过校直机座 4 安装到机架 1 上。根据需要校直的材料直径不同，进料套 2 的直径也不同，而进料套 2 与进料板 3 采用过盈配合不方便更换，当校直的材料直径不同时，若更换进料套 2 与进料板 3 的组合件，那么更换操作就方便得多。一般材料弯曲后的曲率半径较大，进料套 2 的直径要比材料直径大许多，使弯曲大的材料也能通过。

引入的线材需要放入主动辊轮 15 与被动辊轮 16 之间，通过松开调节螺钉和锁紧螺母 5，留出足够的间隙并送入材料后，再旋入螺钉调节其夹持力后锁紧。两辊轮通过立式齿轮减速电动机 25 和齿轮带动（13 和 11）发生相对转动而将材料从料盘中拉入校直。其传动结构的装配关系是：带减速装置的立式齿轮减速电动机 25 通过电动机座 24 安装在校直机座 4 上，立式齿轮减速电动机 25 通过平键 22 和联轴器 23 与主动轮轴 21 连接，主动轮轴 21 由两个深沟球轴承 19 和隔套 20 安装在校直机座 4 上，孔上用挡肩和孔用弹性挡圈 18 定位，主动轮轴 21 的深沟球轴承上方装垫圈 17，主动辊轮 15 和主动齿轮 13 用平键 14 连接，并用螺钉将齿轮与辊轮连成一体，改善平键 14 的受力状态，用厚垫圈 12 和轴端螺钉固定作为轴上零件的轴向定位。

以被动齿轮轴 6 为基础件可装配成一个独立的组件，将被动齿轮轴 6 放入调节槽内，轴上零件自下而上的安装顺序为下垫圈 7、深沟球轴承 8、被动辊轮 16、上垫圈 10、长螺母 9，旋紧长螺母 9 对轴上零件进行轴向定位；被动齿轮 11 与被动辊轮 16 用螺钉连接，可以在装配完成后连接，也可在装配前将两者组成组件作为一个装配单元进行装配；该结构两辊轮轴 26 之间的距离要根据辊轮对线材的夹紧力大小进行相对调节，采用被动轴调节就不用改变电动机的位置；

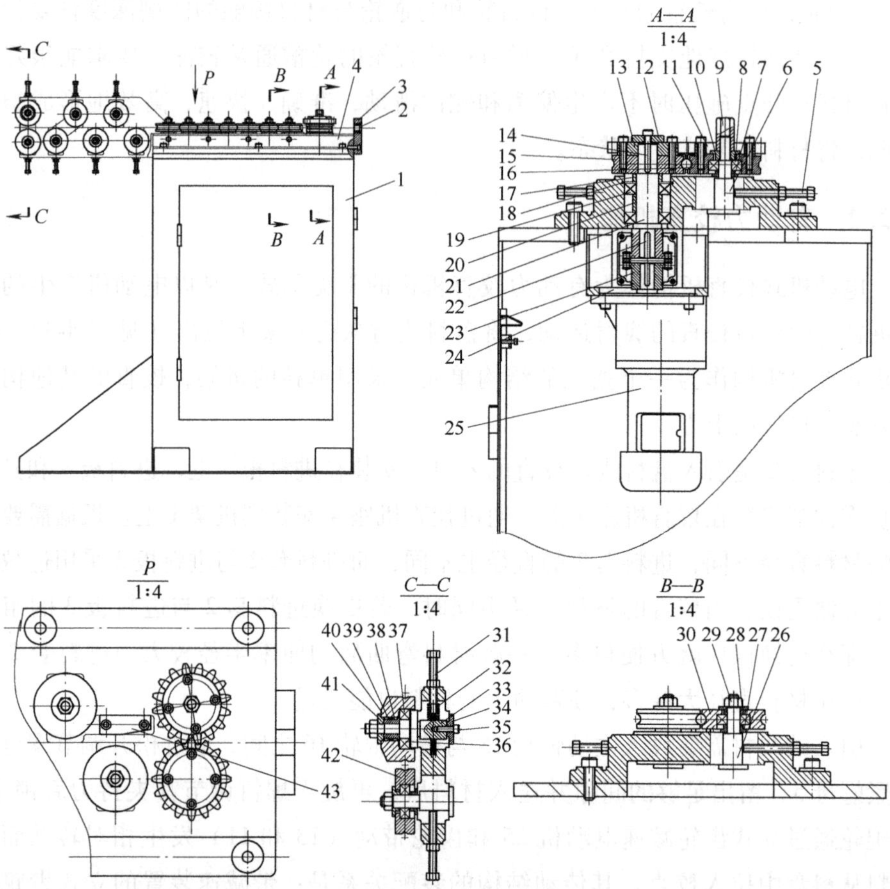

图 4-3　电动机式校直机构结构图

1—机架　2—进料套　3—进料板　4—校直机座　5—调节螺钉和锁紧螺母　6—被动齿轮轴　7—下垫圈　8、19、36—深沟球轴承　9—长螺母　10—上垫圈　11—被动齿轮　12—厚垫圈　13—主动齿轮　14、22—平键　15—主动辊轮　16—被动辊轮　17、34、41—垫圈　18—孔用弹性挡圈　20—隔套　21—主动轮轴　23—联轴器　24—电动机座　25—立式齿轮减速电动机　26—辊轮轴　27—辊轮下垫圈　28—辊轮上垫圈　29—六角螺母　30—校直辊轮　31—定位螺钉和锁紧螺母　32—校直弹簧　33—止退轴　35—螺钉　37—压簧　38—单向轴承　39—止退垫圈　40—止退辊轮　42—止退配对辊轮　43—挡料板

同时，辊轮的轴向定位在深沟球轴承上采用单向约束，可向上运动，但在上垫圈 10 的凸台与辊轮间的间隙又能限制辊轮不发生大幅窜动，这种结构的微小游动有利于两辊轮槽对于线材的自适应对中，提高运动的质量要求。由电动机带动的齿轮副连接辊轮副压紧线材转动，将待校直的线材输入校直机构中，为后

续的校直运动提供动力。

为使刚进入的材料较好地与校直辊轮接触，限制弯曲较大的材料脱离校直辊轮，在材料的入口处设置挡料板43给予限制并进行预校直；然后通过在水平方向和垂直方向交叉布置的校直轮进行校直。各个校直轮的组成结构相同，与无动力校直机构的校直轮类似，由辊轮轴26、辊轮下垫圈27、深沟球轴承8（与被动辊轮的相同）、校直辊轮30、辊轮上垫圈28等组成，由六角螺母29在轴上固定作为轴上零件的轴向定位。

由于盘料体积较大且较重，送料过程会时断时续，当送料停止时会产生反弹而产生反向拉力，影响送料质量，为此，设置防止材料回退的机构（下称止退），该机构处于校直机构的末端，即已校直的材料进入冷镦机的送料机构之前。为防止回退，在止退辊轮40上另外安装一个防止回退的单向轴承38（高度增加），为改善其受力变化，将深沟球轴承36和止退轴33的直径加大，提高其刚性；轮槽结构与校直辊轮30比较，基本尺寸相同，轮槽深度略浅些；止退轴33作为一个独立装配件，在轴上先装配深沟球轴承36、止退辊轮40、止退垫圈39、单向轴承38、垫圈41，用螺母进行轴向固定和定位，组件整体通过压簧37、校直弹簧32及定位螺钉和锁紧螺母31在调整槽内调节到位，用垫圈34和螺钉35将止退轴牢固地固定在校直机座4上。这种止退轴组件可以调节，弹簧能产生足够的调整压力，紧紧地固定在校直机座上，可消除止退轴33与滑动沟槽间的间隙影响，有利于提高送料精度。止退辊轮40与止退配对辊轮42的止退辊轮工作部分的尺寸相同，其他结构与校直辊轮组件相同。

4.2.3　开卷-校直机构

当需要校直的线材直径更大时，卷制成盘料的直径也更大、重量就更重，要求送料架更加结实、稳定，便于装卸料。校直时将盘料展开需要的作用力也更大，利用校直机构夹紧轮的夹持力往往难以达到要求，继续增大夹持力会损伤线材表面质量；由于盘料的重量重、惯性也大，当拉力小时，盘料无法被拉出并展开；当拉力大时，盘料受拉开始转动，因其惯性的存在，拉出需要的剪切长度后又难以令盘料立即停止转动；若让其自由展开，输出的材料会很长，过长的材料又会因自身的弹性作用使盘料反向卷制，造成“拉-卷-拉”的送料振荡，影响送料的稳定性。

粗大线材从盘料中拉出展开的驱动送料速度要与校直和剪切要求的运动速度相适应。对此情况的解决措施，一是对大规格盘料的校直往往将开卷运动与校直运动组合成一体，利用校直的驱动动力直接带动开卷作业，二者同步进行，方便解决运动匹配和协调的技术问题；二是将开卷-校直机构结合成一体，实际上是将放置盘料的送料架与校直机构这两个独立的部分制成一体式结构。为此，采用卧式送料架，其重心低、运转稳定，方便盘料装卸；送料架与校直架制成一个整体，共同处理材料的送出和校直的送进之间的运动关系；盘料送料的展开与校直的送料用同一电动机驱动，机械机构联动，同步进行。

从校直原理来看，无论线材的直径多大，都是采用反向按压、双向校直。由于校直力的增加，需要在结构上提高支持的刚性，在夹持线材部分 4.2.1 小节和 4.2.2 小节的校直机构采用的悬臂结构刚性差，产生的弯曲变形大、连接稳定性差，采用简支结构代替悬臂结构可改善刚性差的问题；在辊轮部分虽然仍采用悬臂结构，但也需要采取措施改善悬臂部分的受力状态。这里的校直机架采用焊接结构，鉴于工艺特点，各部件在机架上的安装连接工艺会与铸件机架有所不同。

本开卷-校直机构（见图 4-4）的校直部分与 4.2.1 小节和 4.2.2 小节结构不同的是，这种校直机构是先进行垂直方向的校直，后进行水平方向的校直。但从校直的整体思想来看是一致的，先对弯曲度大的方向校直，后对弯曲度小的方向校直。这是基于盘料线材是绕水平轴线方向展开，在垂直方向的材料弯曲度大；当盘料线材是绕垂直方向转动展开时，线材整体的水平方向的弯曲变形大于垂直方向的弯曲变形。

开卷-校直机构的动力由电动机-减速器 2 减速后，由减速器端的链轮传递给主动轴 4 上的链轮，带动主动轴 4 转动，主动轴 4 上的齿轮与从动轴 3 的齿轮啮合带动从动轴转动；主、从动轴上另一端的辊轮夹持线材，将其送入后方的校直辊轮校直。主动轴 4 通过轴承安装在校直机架 1 上，而从动轴 3 则通过轴承整体安装在气缸支架 9 上，气缸支架 9 及从动轴 3 整体用销轴 8 安装在校直机架 1 上；当气缸 10 在气缸支架 9 的末端施加作用力时，则气缸支架 9 在从动轴 3 上产生很大的夹持力，使主、从动轴间的辊轮强力夹紧线材，采用气缸施加的力大而稳定、可靠，可以根据线材直径的变化，通过调节气缸的压力改变作用力，选择合适的夹持力就不会损坏线材，满足大直径线材的夹持要求。

校直辊轮组件 7 采用悬臂结构，在辊轮轴上安装深沟球轴承和辊轮，使辊轮能够自由转动，辊轮轴用螺钉调整辊轮间的相对位置。所有校直辊轮相同，采用的结构与 4.2.1 小节和 4.2.2 小节的两种校直机构辊轮结构类似。

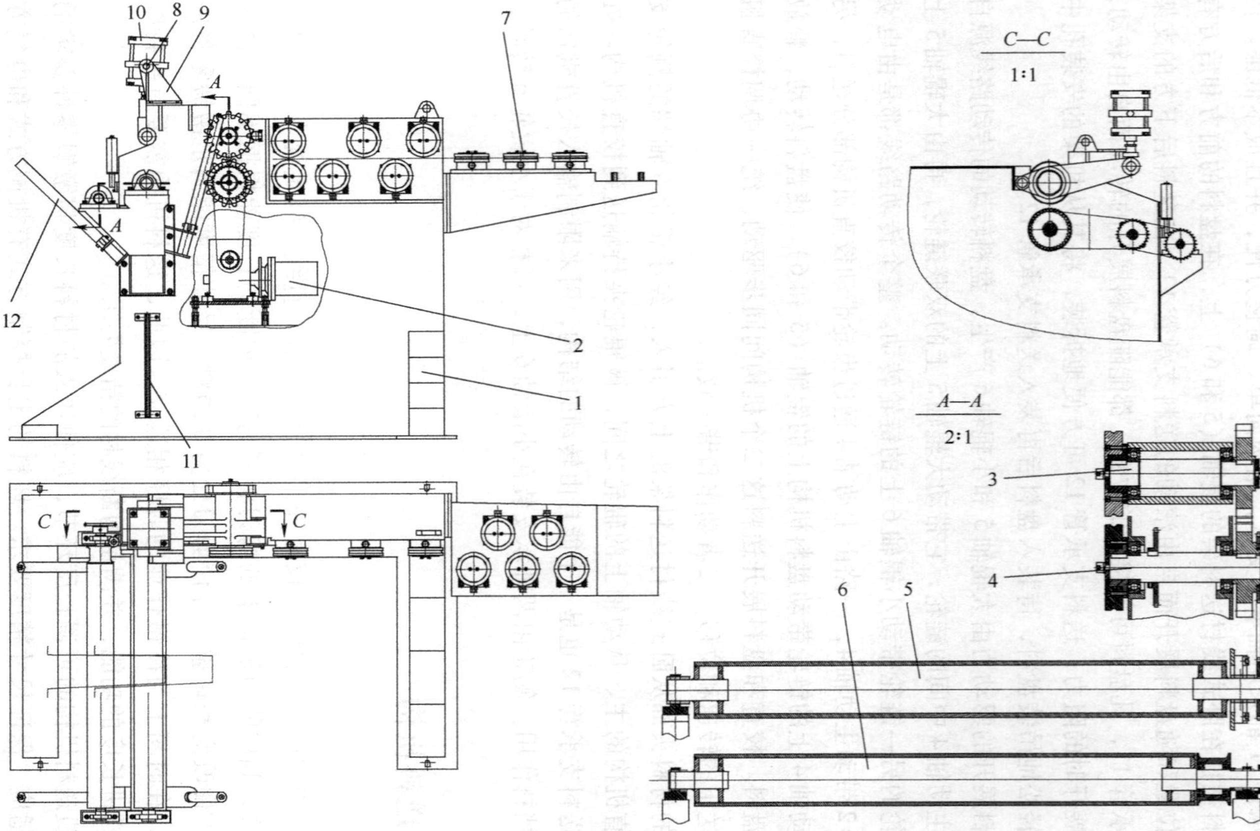

图 4-4　开卷-校直机构

1—校直机架　2—电动机-减速器　3—从动轴　4—主动轴　5—大辊轴　6—小辊轴
7—校直辊轮组件　8—销轴　9—气缸支架　10—气缸　11—支承管　12—送料支承管

卧式线材送料架主要是由两个水平辊轴（5 和 6），四个在垂直面内成角度布置的送料支承管 12 和一个机架侧面的支承管 11 组成。大辊筒 5、小辊筒 6 和侧面的支承管 11 都采用轴承座支承，结构简单、调整方便，并且成本低廉。待校直的盘料被挂在卧式线材送料架的辊轴（5 和 6）上，在盘料的前方和后方有限制盘料位置和随盘料展开而自由滚动的送料支承管 12，在盘料后下方的支架上设置支承管 11，凡盘料可能接触的位置，都能随盘料展开的转动而自由转动，减小盘料展开时的阻力；送料支承管 12 可方便地拆装，将其从机架的安装孔中拔出，可轻松地吊装盘料，待装入盘料后再装入送料支承管 12。

将盘料展开的驱动力由大辊轴 5 和小辊轴 6 产生。盘料转动的传动路线源自校直机构主动轴 4 中间的链轮，它带动大辊轴 5 上的双联链轮，再由大辊轴 5 上的双联链轮的另一链轮带动小辊轴 6 上的链轮转动。整个传动路线都是由电动机-减速器 2 带动主动轴 4，一路由主动轴 4 通过齿轮带动校直机构部分送料；另一路由主动轴 4 上的链轮带动盘料机构上的辊轴（5 和 6），使盘料转动，释放出卷制的盘料。校直和盘料展开送料这二个机构间同步驱动，统一协调校直机构和盘料送出的转速和位移，二者动作和谐一致。

盘料的材料头部从卧式线材送料架的上方引入，经小辊轮 6 轴端的侧轮支持引入校直机构的主、从动轴上的辊轮之间，被辊轮夹持输送到校直机构。处于后方的送料支承管 12 也是一个能自由转动的结构，用来限制输入校直机构的材料，起挡料作用。侧轮由两轴承安装在小滚轴 6 上，可相对于小辊轮 6 转动。

4.3 送料机构

送料机构的作用是将经过校直等工序的整理后，直线度满足要求的线材送到剪切位置，利用剪切机构上的剪刀将其剪断，剪断的长度能根据不同零件的镦锻情况方便改变和调整，并使剪刀处剪断的料坯尺寸精度能满足镦锻零件的工艺要求，在时间上与冷镦作业的时序相适应。因此，送料机构需要有夹持线材、调整送进长度的功能，并满足剪断线材的精度要求。

冷镦机送料机构的可调长度环节，应使送入的材料长度与镦锻零件要求的坯料长度适应，保证尺寸精度要求。坯料的定长控制方式有机械方式和电气方式（见 10.2.1 小节），而机械方式又分挡块式和无挡块式两种。前者有可调挡块机构，控制送料的精度高，对传动部分的精度要求低；后者的无挡块送料机构结构简单，但对机构传动部分的精度要求高。

图 4-5 所示为螺母机上使用的一种送料机构。该送料机构由曲轴上的送料偏心轮（凸轮）（见图 3-2）直接驱动，使与其接触的摆杆组件 1 产生摆动，带动送料连杆 2 推动送料棘轮摇臂组件 3 摆动，由摇臂上的棘爪驱动棘轮转动，再由与棘轮同轴的齿轮带动送料箱 4 实现送料。

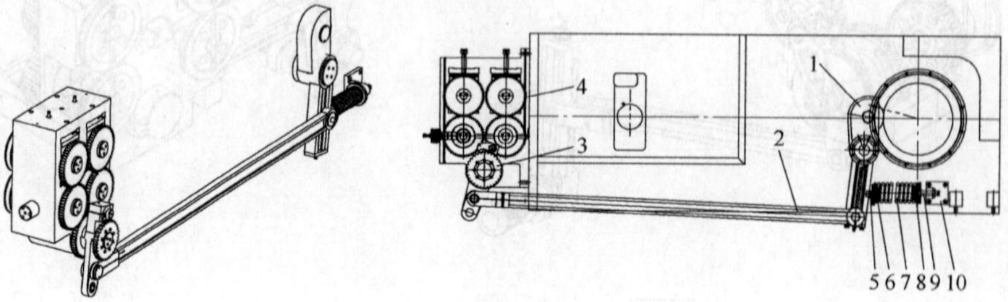

图 4-5　螺母机送料机构

1—摆杆组件　2—送料连杆　3—送料棘轮摇臂组件　4—送料箱　5—弹簧撑杆垫块
6—弹簧座一　7—压缩圆柱弹簧　8—弹簧座二　9—弹簧调节螺杆　10—弹簧座固定支座

图 4-5 中的弹簧撑杆垫块 5 和弹簧座一 6 安装在摆杆组件 1 的下端，弹簧座固定支座 10 固定在床身上，其上安装弹簧调节螺杆 9 及弹簧座二 8，在两弹簧座间安装压缩圆柱弹簧 7，弹簧调节螺杆 9 用来调节压缩圆柱弹簧 7 的弹力，这一机构是使摆杆组件 1 上的辊轮（见图 4-7 中的辊轮 2）紧压在送料偏心轮上，保证接触良好。

图 4-6 所示为一种螺栓机送料机构。该送料机构的动力来自中轴（见图 2-5）上的偏心轮驱动的后送料连杆 1，带动安装在床身侧面的送料摇臂组件 2 摆动，再由送料摇臂组件 2 的摆动传递给前送料连杆 3，带动送料棘轮摇臂组件 4 摆动；最后由摇臂上的棘爪顶推棘轮，与棘轮同轴的齿轮带动送料箱 5 进行送料。

螺母机也有采用 2 根连杆组合传动的送料传动机构，这种螺母机送料传动机构的结构和组成与螺栓机的基本相同。无论是单连杆结构还是双连杆结构，虽然传动的结构有所不同，但传动原理相同。螺栓机和螺母机的送料长度调节都设置在摇臂摆杆传动机构上，通过调整摆杆的长短来改变棘轮转过的角度，从而调节送料长度；要求的送料动作最后都是由送料箱来完成。

这两种送料机构传动的不同之处在于：螺母机是曲轴直接传动，螺栓机的动力则是由中轴传出；螺母机是通过摆杆机构与送料偏心轮（凸轮）接触的摆杆摇动将动力传递给连杆；螺栓机则由偏心轴的旋转运动直接带动后送料连杆而使与连杆连接的摇杆往复摆动。

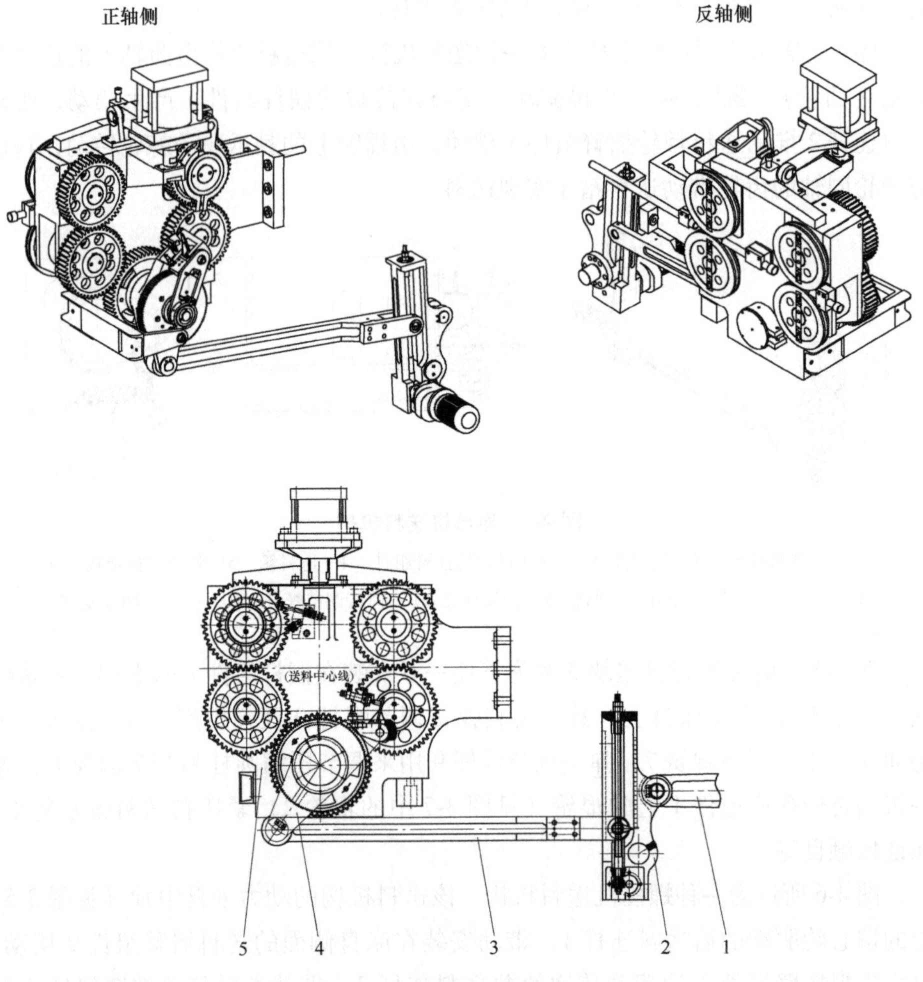

图 4-6 螺栓机送料机构

1—后送料连杆 2—送料摇臂组件 3—前送料连杆 4—送料棘轮摇臂组件 5—送料箱

送料机构送料长度的调节是由传动链前端的连杆与摇臂的组合调节来实现的，主要构件是送料棘轮前方的传动链。夹紧送料过程由送料箱部件来完成。

4.3.1 连杆传动机构与料长调节

螺母机的送料偏心轮或螺栓机的偏心轴推动的摆杆、送料摇臂摆动的原始角度或行程是设定不变的，摆杆（送料摇臂）的主动臂长也不变，通过改变摆杆（送料摇臂）输出的从动臂的长度和棘轮摇臂接受动力的主动臂的长度关系，可以改变棘轮的转动角度，达到送料长度调节的目的。其工作原理如下：主动摆杆（送料摇臂）的从动臂长变大，则送料连杆的行程变大，若棘轮摇臂的主动臂不变，则使推动棘轮的转角变大，送料长度就变大；若使棘轮摇臂的主动臂进一步变短，送料连杆的行程不变，棘轮转过的角度变得更大，则送料长度进一步变大；反之，使主动摆杆（送料摇臂）变短，棘轮摇臂的主动臂变长，则送料长度变小。总之，送料长度调节取决于连杆前端的从动臂长度与后端的棘轮摇臂上的传动臂长度的比值，比值变大时送料长度增大，比值变小时送料长度减小。

图 4-7 所示的料长手动调节机构是螺母机处于连杆传动两端的摆杆组件和送料棘轮摇臂组件的结构。

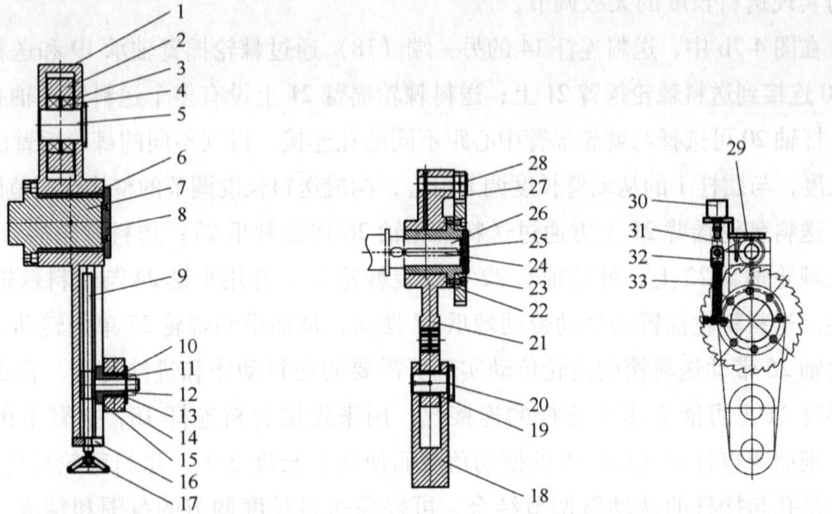

a) 摆杆组件　　b) 送料棘轮摇臂组件　　c) 气缸组件

图 4-7　料长手动调节机构

1—摆杆　2—辊轮　3—调心滚子轴承　4—孔用挡圈　5—辊轮轴　6—摆杆轴套　7—摆杆轴　8—摆杆轴压盖　9—螺杆　10—摆杆连杆轴　11—锁紧垫圈　12—自锁螺母　13—送料连杆轴承　14、18—送料连杆　15—调节滑块　16—调节螺杆固定板　17—调节手轮　19—棘轮摇臂轴承　20—送料连杆轴　21—送料棘轮摇臂　22—棘轮轴套　23—棘轮　24—平键　25—棘轮轴压盖　26—送料棘轮轴　27—棘爪　28—棘爪轴　29—气缸支架　30—气缸　31—气缸接头　32—连接板　33—拉伸弹簧

在图 4-7a 中，与曲轴上的送料偏心轮接触的辊轮 2 通过调心滚子轴承 3、孔用挡圈 4 和滚轮轴 5 连接到摆杆 1 的上端，辊轮 2 沿送料偏心轮滚动而使摆杆 1 产生摆动。摆杆 1 通过摆杆轴套 6、摆杆轴 7 安装在床身侧面，用摆杆轴压盖 8 轴向定位。摆杆轴 7 的中心到辊轮 2 与送料偏心轮的接触点距离基本是一定的，

这决定了摆杆的主动臂长度，也确定了摆杆 1 的摆动角度。

在摆杆 1 的下方是从动杆长度调节机构。调节螺杆 9 通过调节螺杆固定板 16 连接到摆杆 1 的下方；调节螺杆 9 上连接摆杆调节滑块 15，用调节手轮 17（调节时用，工作时拆除）正、反向转动调节螺杆 9，调节滑块 15 相应地向上或向下移动，从而改变从动杆的长度；带有斜面的调节滑块 15 与摆杆连杆轴 10 在自锁螺母 12 的作用下，将调节滑块 15 楔紧在摆杆 1 下端的导向斜面上，而使调整的位置不动；摆杆连杆轴 10 通过送料连杆轴承 13 连接送料连杆 14，轴端用锁紧垫圈 11 限位。从动臂长度调节机构可以改变与之连接的连杆的摆动行程，从而实现送料长度的无级调节。

在图 4-7b 中，送料连杆 14 的另一端（18）通过棘轮摇臂轴承 19 和送料连杆轴 20 连接到送料棘轮摇臂 21 上；送料棘轮摇臂 21 上设有多个送料连杆轴孔，送料连杆轴 20 可选择与棘轮摇臂中心距不同的孔连接，得到不同的棘轮摇臂的主动臂长度，与摆杆 1 的从动臂长度调节组合，构成送料长度调节的整体作用范围。

送料棘轮摇臂 21 上方通过送料棘轮轴 26 连接棘爪 27；送料棘轮摇臂 21 空套在棘轮轴套 22 上，棘轮轴套 22 上安装棘轮 23，并用平键 24 与送料棘轮轴 26 连接。送料棘轮摇臂的摆动带动棘爪 27 摆动，从而推动棘轮 23 单向转动，送料棘轮轴 26 带动送料箱的齿轮传动实现所需要的送料动作和进给行程。在送料棘轮摇臂 21 上可能有多个连杆的连接孔，用来连接送料连杆 18，摇臂上的孔距短，则摇臂连杆可获得较大的摆动角度而使送料长度变大，送料棘轮摇臂 21 上的连接孔与摆杆的从动臂调节结合，可提高送料长度调节的范围和精度，同时可调节施加在送料棘轮摇臂 21 上的作用力大小。

图 4-7c 的上方布置的气缸 30 用于抬起棘爪。气缸 30 安装在气缸支架 29 上，气缸支架 29 固定在送料棘轮摇臂 21 顶部；气缸 30 的活塞杆上连接气缸接头 31，连接板 32 的一端固定在气缸接头 31 上，另一端与拉伸弹簧 33 一起通过螺钉和螺母固定在棘爪 27 上，拉伸弹簧 33 的另一端同样用螺钉和螺母连接到送料棘轮摇臂 21 中部棘轮轴孔的外侧。在气缸 30 的作用下，通过气缸接头 31 拉动连接板 32 克服弹簧力作用抬起棘爪 27；当气缸 30 不作用时，在弹簧力作用下，使棘爪 27 紧贴在棘轮 23 上，送料棘轮摇臂 21 顺时针转动时，棘爪 27 在棘轮 21 上滑动；逆时针转动时，棘爪 27 推动棘轮 21 转动，从而带动送料棘轮轴 26 上的主动齿轮转动实现送料。在正常作业时，气缸 30 不工作。

图 4-8 所示为在螺栓机上采用的一种料长电动调节机构，该机构调节方便，不需要拆除送料连杆来改变调节孔位置。送料摇臂 4 通过送料摇臂轴承 12 和

送料摇臂轴 13 安装在床身的侧面，用送料摇臂压盖 14 调整摆动间隙并轴向定位。

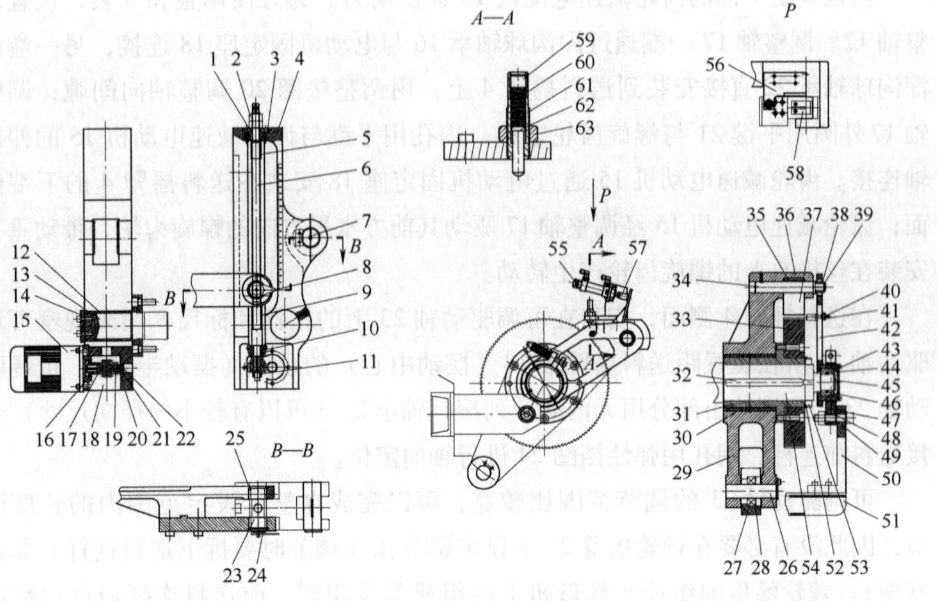

a) 送料摇臂组件　　b) 气缸组件　　c) 送料棘轮摇臂组件

图 4-8　料长电动调节机构

1—丝杠上轴承　2—锁紧螺母　3—送料摇臂顶盖　4—送料摇臂　5—上限位套　6—丝杠　7—连接轴　8—指针和标尺　9—下限位套　10—丝杠下轴承　11—平垫和自锁螺母　12—送料摇臂轴承　13—送料摇臂轴　14—送料摇臂压盖　15—齿轮减速电动机　16、22、44—深沟球轴承　17—调整轴　18—电动机固定座　19—螺旋齿轮副　20—调整垫圈　21、32—平键　23—可调驱动轴　24、28—孔用弹性挡圈　25—无内圈单列滚针轴承　26—送料连杆轴　27—调心滚子轴承　29—棘轮摇臂　30—棘轮衬套　31—棘轮轴套　33—棘轮　34—棘爪座轴　35—棘爪座轴承　36—棘爪座　37—棘爪板　38—滚套　39、45—轴用弹性挡圈　40—偏心轴　41—自锁螺母　42—扬起摇臂　43—扬起摇臂压盖　46—隔圈　47—小制动组件　48—衬套　49—关节轴承　50—小制动支座　51—安装座　52—圆螺母止动垫圈　53—圆螺母　54—棘轮轴　55—气缸　56—气缸支座　57—气缸接杆　58—气缸顶板　59—内六角平端紧定螺钉　60—压簧　61—螺套　62—顶杆　63—六角螺母

长度调节的主要部分由丝杠 6 和安装在其上的可调驱动轴 23 组成，丝杠 6 的转动使可调驱动轴 23 产生上下移动，丝杠 6 由有自润滑功能的丝杠上轴承 1 和丝杠下轴承 10 安装在送料摇臂 4 上，上方由送料摇臂顶盖 3 定位，双锁紧螺母 2 调整轴向间隙后锁紧防松，下方在轴上用平键 21 连接螺旋齿轮（螺旋齿轮副 19 的两个齿轮相同）后，用平垫和自锁螺母 11 在轴向定位；在可调驱动

轴 23 的上、下位置将上限位套 5 和下限位套 9 安装在丝杠 6 的外侧，控制其可调行程范围。

丝杠 6 由下部的齿轮减速电动机 15 提供动力。为方便调整和安装，设置调整轴 17。调整轴 17 一端通过深沟球轴承 16 与电动机固定座 18 连接，另一端由深沟球轴承 22 直接安装到送料摇臂 4 上，用调整垫圈 20 调整轴向间隙；调整轴 17 外圆用平键 21 与螺旋齿轮连接，内孔用平键与齿轮减速电动机 15 的伸出轴连接。齿轮减速电动机 15 通过电动机固定座 18 安装在送料摇臂 4 的下端侧面；齿轮减速电动机 15 经调整轴 17 驱动其前方水平方向的螺旋齿轮，带动垂直安装在丝杠 6 上的螺旋齿轮产生转动。

在送料摇臂 4 侧面，安装在可调驱动轴 23 上的指针和标尺 8 用来观察可调驱动轴 23 所在位置距送料摇臂轴 13（摆动中心）的距离（摆动半径）；可调驱动轴 23 的两端伸出部分用无内圈单列滚针轴承 25（可以有较小的径向尺寸）连接送料前连杆，用孔用弹性挡圈 24 进行轴向定位。

可调驱动轴 23 的调节范围比较宽，可以完成在整个设定范围内的长度调节，因此没有必要在棘轮摇臂 29 上设定调节孔（调节时要拆下送料连杆，非常麻烦）。棘轮棘爪的组成与螺母机上的组成基本相似。前送料连杆通过送料连杆轴 26、调心滚子轴承 27 连接棘轮摇臂 29，用孔用弹性挡圈 28 轴向定位；棘轮摇臂 29 的孔内装棘轮衬套 30，可相对于棘轮轴套 31 自由转动；棘轮 33 安装在棘轮轴套 31 上通过平键 32 将动力传递给棘轮轴 54；该结构的棘爪是一种组合式结构，由棘爪座 36 和棘爪板 37 组成，方便棘爪磨损、损坏或精度不足时更换，棘爪座 36 内安装棘爪座轴承 35，通过棘爪座轴 34 安装在棘轮摇臂 29 上；棘轮棘爪组件在棘轮轴 54 上用圆螺母止动垫圈 52 和圆螺母 53 固定在棘轮轴 54 上。棘爪推动棘轮传递动力。

制动部分的结构组成：在棘爪座轴 34 的伸出端安装滚套 38，并由轴用弹性挡圈 39 定位；扬起摇臂 42 上端放置在滚套 38 的外面，下端是用深沟球轴承 44、隔圈 46 安装在棘轮轴 54 上，轴端用轴用弹性挡圈 45 固定，内孔用扬起摇臂压盖 43 固定；在扬起摇臂 42 上部装有调节相对棘爪位置的偏心轴 40，用自锁螺母 41 防松；在扬起摇臂 42 下端外圆上配有小制动组件 47，小制动组件的另一端用衬套 48 贯穿小制动组件的两个半环，通过关节轴承 49 用螺栓固定在小制动支座 50 上，小制动支座再由安装座 51 连接到床身。

在棘轮摇臂 29 与棘爪（由棘爪座 36 与棘爪板 37 组成）之间有一套气缸组件（见图 4-8b）在作用。气缸 55 通过气缸支座 56 安装在棘轮摇臂 29 上，气缸 55

的活塞杆头部连接气缸接杆 57，顶压前端安装在棘爪座 36 上的气缸顶板 58，其作用是使棘爪座 36（棘爪板 37）抬起，此外，在气缸支座 56 上另有由内六角平端紧定螺钉 59、压簧 60、螺套 61 和顶杆 62 组成，由六角螺母 63 调节弹簧力机构并锁紧，对棘爪板施力的弹性复位机构。

从棘轮与棘爪之间的关系可以看出，在棘轮摇臂 29 摆动过程中，空行程时棘爪板 37 从棘轮 33 的齿顶上滑过，发出滑动摩擦声并易使棘轮 33 齿顶磨损；回程时棘爪板 37 顶在棘轮 33 的齿根部，推动棘轮 33 转动，但棘爪板 37 完全靠自重顶在棘轮的齿上，位置不准确，会影响送料精度。

从小制动组件 47 与扬起摇臂 42 组合部分的结构可以看出，在扬起摇臂 42 上装有偏心轴 40 和小制动组件 47，偏心轴 40 装在棘爪板 37 的下方；当棘轮摇臂 29 空行程转动，开始时扬起摇臂 42 不动（小制动组件产生转动阻力），扬起摇臂 42 上的偏心轴 40 托起棘爪板 37 离开棘轮 33 齿顶，两者不接触，当滚套 38 与扬起摇臂 42 之间安置孔的间隙消除时，扬起摇臂 42 克服制动阻力矩，在滚套 38 的带动下随棘轮摇臂 29 转动；回程开始时，扬起摇臂 42 也不动，棘爪板 37 回落与棘轮的齿接触，随后棘轮摇臂 29 的棘爪座轴 34 上的滚套 38 带动扬起摇臂 42 和棘轮 33 转动；偏心轴 40 的调节范围、滚套 38 与扬起摇臂孔的间隙共同决定棘爪板 37 与棘轮齿脱开或重新接触的时间和接触状态。

在棘轮摇臂 29 与棘爪板 37 间安装气缸组件，气缸 55 用于抬起棘爪，在机器调整时使棘爪传动不起作用；而由零件 59~63 组成的弹簧施力组是保证在弹簧力的作用下，使棘爪落在棘轮轮齿的根部且接触良好。

螺母机的料长调节与螺栓机的料长调节原理相同，采用的结构略有不同。从调节方式上看，前者是手动调节，后者则采用电动调节。手动调节常用于结构重量较轻的小型机；对于大型机，其连杆重量较重，扳动手轮且需多次调节才能达到要求，调整不方便。从调节质量考察，摆动摇臂和棘轮摇臂的臂长长些，受结构内的间隙等误差因素的影响小，螺母机采用在摆动摇臂和棘轮摇臂两处调节的结构，可提高调节精度，但在调节棘轮摇臂上的位置时，要拆下送料连杆，拔出送料连杆轴，操作费时费力，只适用于轻型结构。对于施加在棘爪上的弹力，螺母机采用的是拉伸弹簧，螺栓机采用的是压缩弹簧，前者结构简单，后者组成复杂，但前者改变弹力困难，后者可用调节螺钉改变压缩量，从而方便地改变对棘爪的作用力。当作业空行程时，螺母机的棘爪在棘轮上滑动；螺栓机增加了扬起摇臂，使摇臂在空行程时可以托起棘爪，减小与棘轮的接触磨损并避免产生碰击声。

4.3.2 送料箱和线材的夹紧力控制

图4-9所示为螺母机送料箱。传动齿轮2通过平键3安装到棘轮轴1上；棘轮轴1上的一对圆锥滚子轴承5内圈由轴肩定位，外圈在齿轮侧由送料台9所在孔的肩部和轴承盖4定位，左端外圈自由，内圈用锁紧螺母6和7轴向定位并防松；为提高防松效果，在两锁紧螺母的轴向用螺钉进一步拉紧，外侧用端盖8封住。下送料轮轴组件由送料轮10、送料轮平键11、下送料轮轴12、下送料轮侧轴承13和送料齿轮侧轴承26、送料齿轮23和齿轮端盖25组成。送料齿轮用平键24与下送料轮轴12连接。下送料轮轴组件没有设置轴向完全定位，利用送料轮10的半圆槽可限制轴向移动，同时也利于材料直径变化时进行轴向自由调节。

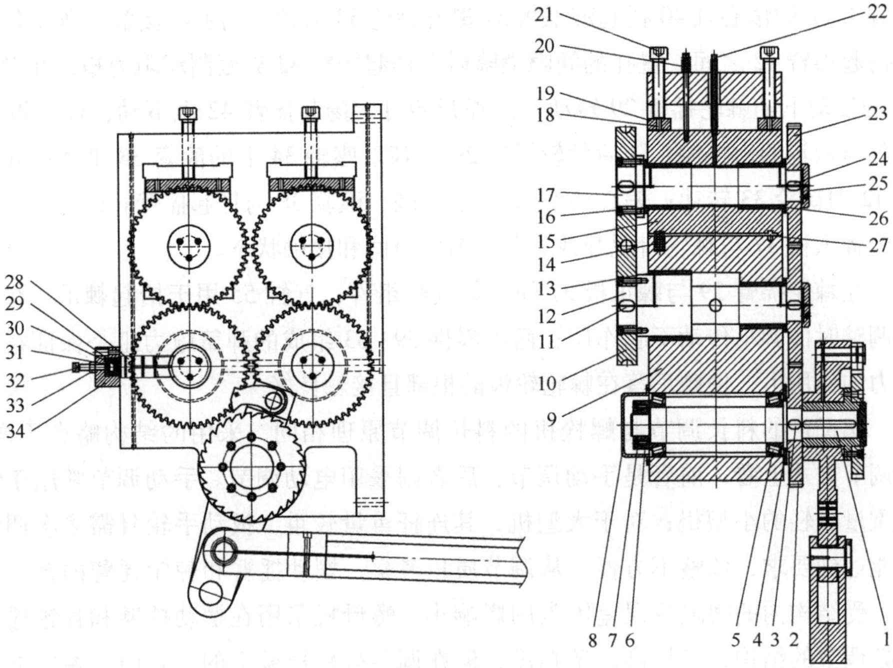

图4-9 螺母机送料箱

1—棘轮轴 2—传动齿轮 3—平键 4—轴承盖 5—圆锥滚子轴承 6—锁紧螺母一 7—锁紧螺母二 8—端盖 9—送料台 10—送料轮 11—送料轮平键 12—下送料轮轴 13—下送料轮侧轴承 14—弹簧 15—送料上座壳体 16—上送料轮侧轴承 17—上送料轮轴 18—弹性圆柱销 19—上座压板 20—压紧弹簧 21、33—调节螺钉 22—喷油管 23—送料齿轮 24—送料齿轮用平键 25—齿轮端盖 26—送料齿轮侧轴承 27—垫销 28—制动轴 29—O形密封圈 30—碟形弹簧 31—弹簧顶杆 32—弹簧套筒 34—锁紧螺母三上送料轮轴组件安装在一个独立的送料上座壳体 15 上，相对于送料台的下送料轮轴组件有相对微小的运动空间，可对线材进行压紧。上送料轮轴组件由送料轮 10 及送料轮平键 11、上送料轮轴 17、送料齿轮 23、送料齿轮用平键 24、齿轮端盖 25 及上送料轮侧轴承 16 和送料齿轮侧轴承 26 组成，由轴肩和齿轮组成两端轴向定位。

送料上座壳体 15 连同上送料轮轴组件一起通过弹簧 14 和垫销 27 在送料台 9 上方的方孔内定位。上方各通过两个弹性圆柱销 18 安装上座压板 19，使上方压紧弹簧 20 和调节螺钉 21 施加的压紧力转移到刚性大的送料上座壳体 15 的顶面。喷油管 22 是为送料上座润滑供给润滑油的通道。压紧弹簧 20 和调节螺钉 21 用于调节作用于上、下两送料轮间对线材的夹紧力。

在下送料轮轴的侧面设置由制动轴 28 和其上的 O 形密封圈 29、碟形弹簧 30、弹簧顶杆 31、弹簧套筒 32、调节螺钉 33 及锁紧螺母三 34 组成的制动部件，对下送料轮轴施加制动力，防止送料的张力回弹而影响送料质量。

图 4-10 所示为一种螺栓机送料箱。

螺栓机送料箱的动力由棘轮轴 1 通过 Z2 胀紧套 3 传给传动齿轮 2 后，分配给送料齿轮 29（分两路）；棘轮轴 1 由圆柱滚子轴承 5 和深沟球轴承 6 支承在送料台 18 上，外圈由送料台 18 下孔上的挡边与轴承压盖 4 进行轴向定位，内圈用圆螺母用止动垫圈 7 和圆螺母 8 进行轴向定位。

棘轮轴的另一端用平键 9 连接轴承内圈 10，在轴承内圈 10 上装单向轴承 11 和深沟球轴承 12，这两个轴承的外圈都装在球拍板 14 上构成一体，球拍板 14 的柄部卡在送料台的槽内，并用顶杆螺钉和锁紧螺母 50 调整和锁紧，限制球拍板 14 的运动，使棘轮轴 1 单向运动并消除间隙；轴承内圈 10 由圆螺母用止动垫圈 15 和圆螺母 16 轴向定位，外面用压盖 17 固定。

送料轮 19 通过小压板 22 固定在送料轮轴套 20 的槽内，送料轮轴套 20 通过大压板 21 固定在送料轮轴 23 轴端的槽内，这种径向槽结构既能传递转矩又能进行轴向定位，拆装方便；送料轮轴 23 两端用圆柱滚子轴承 24 和 26 固定在送料台 18（或送料轮上座 33）上，外圈在孔内由肩部定位，内圈通过中间隔套 25 由圆螺母用止动垫圈 27 和圆螺母 28 定位固定；用平键 30 连接送料齿轮 29，轴端用送料齿轮压盖 31 轴向定位。

安装在送料轮上座 33 的送料轮组件结构的装配与安装与在送料台上的方法相同。其中有一根轴要安装制动组件，则该送料轮轴的长度加长（等于增加制动盘 49 的厚度），紧贴送料齿轮安装。送料轮上座 33 用下方的弹簧 32、上部的

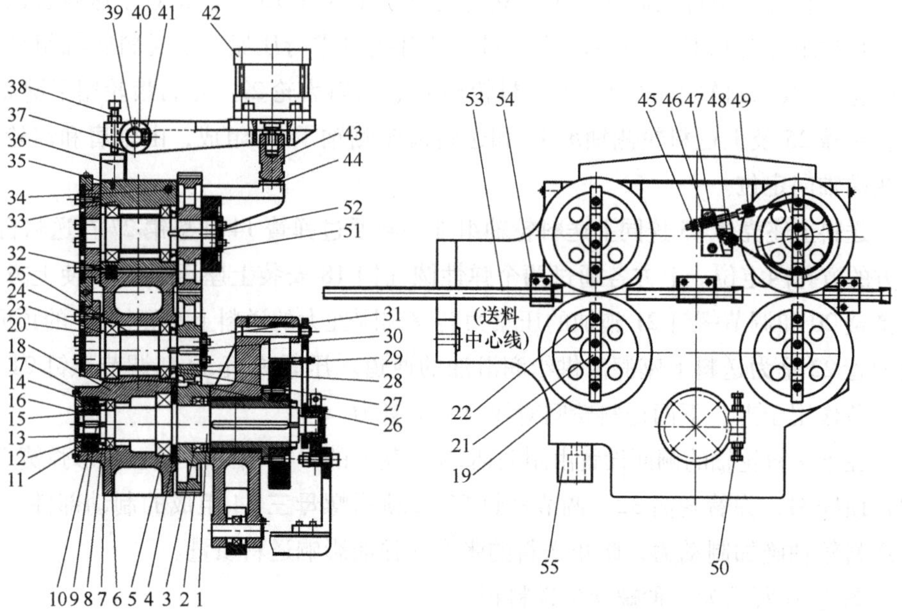

图 4-10 螺栓机送料箱

1—棘轮轴 2—传动齿轮 3—Z2 胀紧套 4—轴承压盖 5、24、26—圆柱滚子轴承 6—深沟球轴承 7、15、27—圆螺母用止动垫圈 8、16、28—圆螺母 9、30—平键 10—轴承内圈 11—单向轴承 12—深沟球轴承 13—轴承外圈 14—球拍板 17—压盖 18—送料台 19—送料轮 20—送料轮轴套 21—大压板 22—小压板 23—送料轮轴 25—中间隔套 29—送料齿轮 31—送料齿轮压盖 32—弹簧 33—送料轮上座 34—送料轮上座支轴 35—弹性圆柱销 36—压杆 37—气缸座 38—顶杆和锁紧螺母 39—气缸座轴 40—托架 41—气缸座轴挡块 42—气缸 43—活塞杆连接头及锁紧螺母 44—顶板 45—制动支座 46—制动支轴 47—大制动组件 48—制动压盖 49—制动盘 50—顶杆螺钉和锁紧螺母 51—送料台垫块 52—挡圈 53—送料导管 54—导管固定座 55—调整垫块

送料轮上座支轴 34 定位于送料台 18 上，保证送料轮上座的装配位置精度，送料轮上座支轴 34 的轴端用挡圈 52 固定。

送料轮间的夹紧力由上方的气缸 42 施加。连接压杆 36 用弹性圆柱销 35 将两组送料轮上座 33 连成一体，保证相对位置；气缸组件安装在送料台 18 上侧的托架 40 上，用气缸座轴 39（用气缸座轴挡块 41 固定）连接气缸座 37，气缸 42 安装在气缸座 37 上，气缸活塞杆头部安装连接杆并用螺母锁紧，顶压安装在送料台 18 上的顶板 44；气缸 42 动作时，位于气缸座 37 前端的顶杆 38（调整后用螺母锁紧）顶压压杆 36，使送料轮上座 33 向下压、上送料轮压紧线材，依靠其压紧的摩擦力（矩）送料。

送料箱的制动原理：制动支座 45、制动支轴 46 安装在送料轮上座 33 上，在支轴上安装大制动组件 47（用制动压盖 48 轴端定位），作用于安装在送料轮轴上的制动盘 49，产生摩擦力以实现制动作用。制动力可以通过调节大制动组件 47 下端的弹簧作用力来调节。制动装置的作用主要是在运动件上增加阻力，减小送料过程中的波动，提高送料的平稳性。

在送料箱两组送料轮的间距较大、送料轮与剪切位置及校直装置与送料轮间距相对较大的地方，为保证送料精度和送料安全，设置送料导管 53 和导管固定座 54，引导并限制材料的晃动。

在将送料台安装在冷镦机机体上时，其高度方向的调整通过修磨调整垫块 55 来实现，从而保证送料高度与剪切位置的一致性。

螺母机和螺栓机的送料箱工作原理和作用过程是相同的。由棘轮轴传来的动力带动传动齿轮转动，传动齿轮将动力分配给两个安装在送料台上的送料齿轮（相同齿数），这两个送料齿轮转向相同；每个送料齿轮各自又将动力传递给上方安装在送料上座的齿轮，这上、下两个送料齿轮相互啮合，齿数相同、转向相反，从而使处于上、下送料轮间的线材按同一方向、同一速度送进。

线材送进依靠的是上、下送料轮间产生的足够大的摩擦力，且在送进过程中不得滑动，这样才能保证精准的送料；摩擦力的大小取决于送料轮上座气缸或压紧螺钉（弹簧）产生的夹紧力，夹紧方式根据结构的具体设计要求来选择；送料长度则取决于传动齿轮（棘轮）转过的角度，理论上等于送料轮转过的弧长。

为保证送料齿轮传动良好，上、下送料轮的中心距应在其允许传动的公差范围内，送料轮轴线应相互平行才能保证其齿面接触良好。送料轮上座采用活动结构，主要目的是方便线材的引入，同时也是利用其间隙调整产生足够大的压力，实际上，在压力作用下，结构间产生的变形非常小。因此，要保证送料轮处于良好的啮合状态，关键是保证送料轮线槽加工的径向尺寸精度和线材的尺寸精度。

螺母机和螺栓机结构上有所不同，但二者之间可以相互借鉴使用。

送料轮由气缸作用压紧线材，提供的夹紧力稳定、调整作用力方便（通过改变气压大小调整），不会因线材直径误差和变化产生夹紧力剧增或剧减而影响送料；利用螺钉提供夹紧力的压紧结构简单、成本低廉，但当线材直径不稳定、微小的线径误差会产生明显的夹紧力变化。

送料机构本质上是对线材施加一个拉力，使线材向前送进到剪切位置，这种送料动作是间歇进行的，由于惯性形成冲击和回弹，这对送料精度的控制影响极大。为减小误差，在螺母机和螺栓机上设置制动装置，制动力都是由弹簧力作用产生。螺母机制动装置的弹簧力通过制动轴径向作用于送料轮轴上，安装在侧面，该结构简单、零件数量少，由于送料轮轴直径小，产生的摩擦力矩也小。螺栓机的制动装置安装在轴端，制动盘的直径比轴的直径大，在相同摩擦力作用下产生的摩擦力矩比螺母机大得多，并且基本作用于整个摩擦盘上，受力状态良好，但结构复杂；在螺栓机的棘轮轴上设置一个含单向轴承的结构，单向轴承只允许轴朝一个方向转动，不能反向转动，从而有效地阻止送料过程停止时的反弹作用，保证送料精度。

螺栓机的各轴结构都进行有效的轴向定位，而螺母机安装在送料台上的两根送料轴没有进行完整的轴向定位，其工作时依靠线材通过送料轮轮槽时限制这两根送料轴的轴向位置，取消了送料轮线槽的对中性要求，大幅降低了送料轮加工和装配的技术难度，同样满足送料要求，其经济性、工艺性明显提高。

螺栓机传动动齿轮采用 Z2 胀紧套传递转矩，而螺母机采用平键来传递。从制造成本上分析，平键更经济，但从棘轮轴的受力状态分析，在轴上加工键槽时易产生应力集中，采用胀紧套不会出现应力集中、影响强度的情况，因此对于螺栓机这种棘轮轴悬臂较长、传动齿轮位置处于应力较大部位的情况，采用 Z2 胀紧套无疑是一种更为合理的选择。

螺母机的送料轮是整体式结构，直接用螺钉连接在送料轴上，结构简单；松开紧固螺钉即可更换送料轮，但长期使用并经常更换后，反复强力旋紧坚固螺钉对处于轴上的螺孔易造成磨损，影响紧固质量，甚至会伤及送料轴。螺栓机的送料轮采用的是一种组合式结构，由大压板、小压板、送料轮轴套和送料轮等多个零件组成，当更换送料轮时，其他零件不用拆下，只需松开螺钉、移动小压板，即可取下送料轮，装配工艺性好，且送料轮用材料少，应用经济性明显，同时保证送料轮轴不会因经常装卸螺钉而损伤。

4.3.3 定长控制

定长控制是将需要送入剪切的长料挡住，使挡料位置到剪刀所在位置的长度为所需要切断的料坯长度。卷料是从冷镦机的前端向后端输送，定长挡料机构安装在剪切机构剪刀所在位置的后方。挡料控制由操作部分和挡料部分组成，操作部分通常布置在易进入冷镦机进行手动操作的开放部位，通常布置在剪切侧的压板上或压板附近的床身上；挡料部分安置在材料送入的正后方。挡料长度一般采用螺旋机构调节，调节连续可变，可以获得准确的长度，并且在送进力的作用下能够自锁，不会产生移动而改变调节的设定位置。

当加工螺母要求的坯料较短时，一般不方便设置挡料机构，当要求坯料较长时，为提高剪切精度才会采用挡料机构。螺母机的挡料机构通常比较简单，类同于机床的死挡铁结构。图 4-11 所示的螺母机定长挡料机构主要由三个零件组成，挡料座 1 安装在剪切侧导轨的前端，挡料座上安装挡料调节丝杠 2，用螺母锁紧；在挡料调节丝杠 2 的前端安装挡料触杆 3，用螺钉和螺母固定并锁紧。

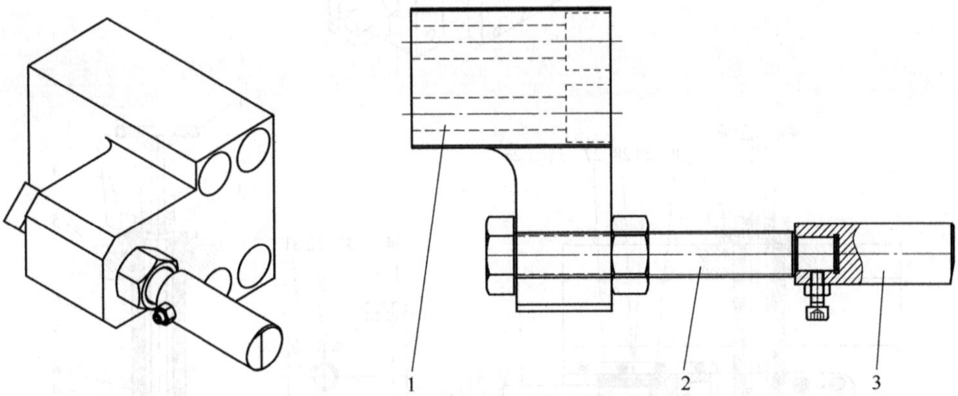

图 4-11 螺母机定长挡料机构

1—挡料座 2—挡料调节丝杠 3—挡料触杆

图 4-12 所示为螺栓机手动调节定长挡料机构，工作过程如下：手轮 1 连接挡料传动轴 7，通过主动螺旋齿轮 10 带动从动螺旋齿轮 21 转动，从动螺旋齿轮 21 连接的调整轴 19 使其带动挡料座 24 移动，改变挡料座上的挡料杆 26 顶端相对于剪刀的位置，实现料长的调节。

定长控制的手动调节机构的组成如下：挡料传动轴 7 通过上、下两个圆锥滚子轴承 8 安装在轴承座 6 上；圆锥滚子轴承 8 在轴承座 6 上由孔内的挡肩定位，轴承在轴上由轴肩定位，下侧的圆锥滚子轴承 8 的下方安装齿轮垫片 9、主动螺旋齿轮 10（用平键 11 连接于轴）后，由圆螺母用止动垫圈 12 和圆螺母 13 轴向定位；在挡料传动轴 7 的上方安装手轮 1，数字显示器 2 放置在限位座 3

上，由可调位紧定手柄 4 固定在轴上，可观察调整的位置大小；整个机构可固定在冷镦机机身主滑块处的导向压板 5 上。

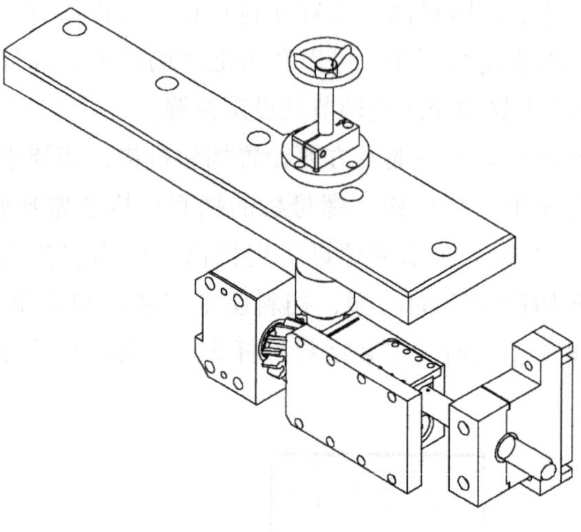

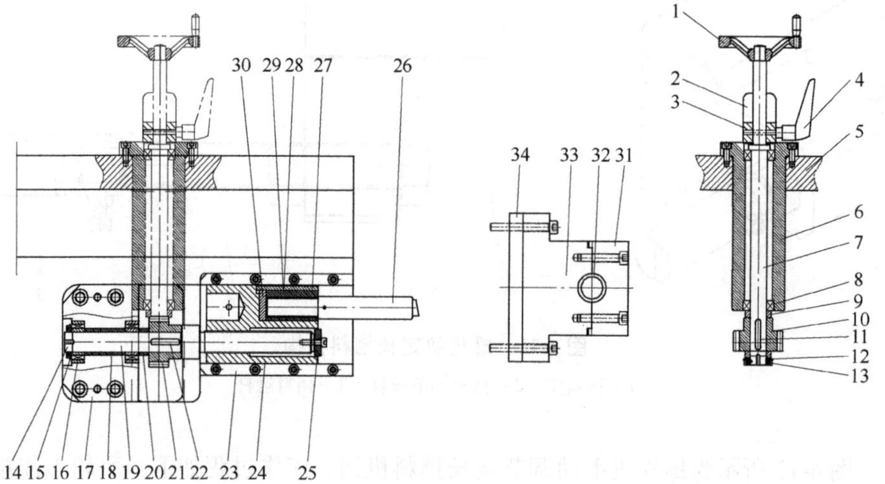

图 4-12　螺栓机手动调节定长挡料机构

1—手轮　2—数字显示器　3—限位座　4—可调位紧定手柄　5—导向压板　6—轴承座　7—挡料传动轴　8—圆锥滚子轴承　9—齿轮垫片　10—主动螺旋齿轮　11、22—平键　12、15—圆螺母用止动垫圈　13—圆螺母　14—圆螺母　16—调心滚子轴承　17—轴承座　18—轴套　19—调整轴　20—齿轮调整垫片　21—从动螺旋齿轮　23—盖板　24—挡料座　25—轴端挡圈　26—挡料杆　27—压板　28—上下绝缘片　29—左右绝缘片　30—后绝缘片　31—压盖　32—绝缘套　33—支座　34—调整垫片

调节机构的从动部分由安装在轴承座 17 上的零件组成。轴上零件由调整轴 19 通过平键 22 连接从动螺旋齿轮 21，经齿轮调整垫片 20（调整齿轮接触

状态）连接 2 个调心滚子轴承 16（轴承间用轴套 18 隔开），轴端由圆螺母用止动垫圈 15 和圆螺母 14 固定；轴上零件由轴承的外圈在轴承座 17 的两端挡肩定位。整个从动部分安装到床身的内侧面。

挡料部分的主要构件是挡料杆 26 和挡料座 24。挡料杆 26 的四方形安装部位由左右、上下及后方 5 块绝缘垫片（坯料剪切和计量信号是通过检测挡料杆与床身间电信号的通或断而获得的，要求挡料杆必须绝缘）28、29 和 30 包裹放置在挡料座 24 的槽内，用压板 27 固定在挡料座 24 上；整个挡料座组件旋入调整轴 19 右端的螺纹部分，端面用轴端挡圈 25 限位。挡料部分与调节机构的从动部分一起安装，挡料座 24 放置在材料送入的正后方的床身内壁加工槽内，用盖板 23 固定。

挡料杆 26 细长、刚性差，在挡料杆 26 前方设置一个由压盖 31、绝缘套 32、支座 33 组成的支承座，调整垫片 34 作为安装挡料杆 26 时的修配件，对运动的直线度进行调整。

4.4 剪切机构

剪切机构的作用是按设定的长度切断由送料机构送来的原料，得到满足镦锻要求的料坯，并将其送到供夹钳机构夹取的指定位置。

根据剪切机构产生回复力的方式不同，可分为弹簧约束式剪切机构和气缸约束式剪切机构。弹簧约束式剪切机构与气缸约束式剪切机构在各种冷镦机上都可使用，应根据实际情况择优选取。

4.4.1 弹簧约束式剪切机构

图 4-13 所示为螺栓机上常用的弹簧约束式剪切机构。它是靠弹簧力使剪刀杆回复的剪切机构。

该剪切机构由剪切机座 6 和滑块压板 5 组成中空的回字形框架结构，用双头螺柱 20、垫圈 21 和螺母 22 固定在床身侧面，剪切机构的主要零件都安装在内部。

剪切杆 12 由外面的剪切杆衬套 13 导向，通过推杆轴 10、调心滚子轴承 11 和推杆轴压盖 9，连接到两端的推杆 2 上，两个推杆 2 通过滑块压板 5 上的导向孔共同固定在弹簧横梁 1 上。为减少摩擦磨损，在滑块压板 5 的导向孔上安装推杆衬套 3，构成剪切杆运动构件；滑块压板 5 的内侧安装耐磨的剪切滑台衬板 4，

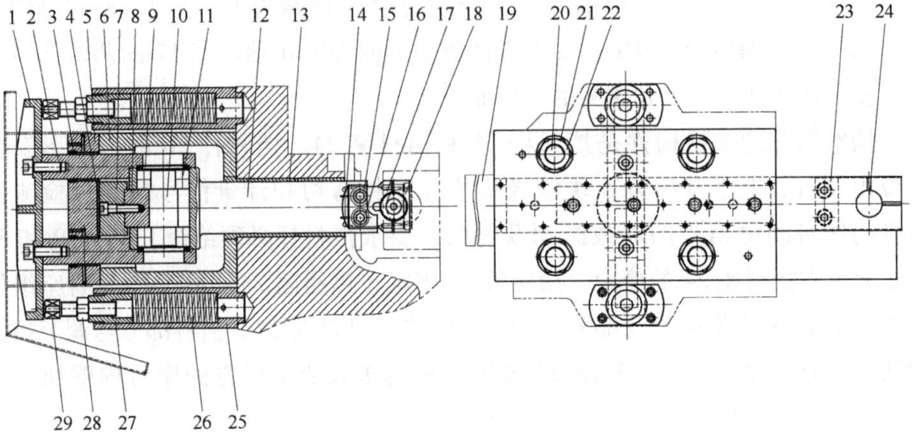

图 4-13　弹簧约束式剪切机构

1—弹簧横梁　2—推杆　3—推杆衬套　4—剪切滑台衬板　5—滑块压板　6—剪切机座　7—滑块　8—剪切楔形凸轮　9—推杆轴压盖　10—推杆轴　11—调心滚子轴承　12—剪切杆　13—剪切杆衬套　14—背板　15—刀座垫片　16、21—垫圈　17—剪刀柄　18—剪刀盖　19—剪切油斗　20—双头螺柱　22、28—螺母　23—滑块支座　24—连杆轴　25—弹簧支座　26—弹簧　27—弹簧压座　29—弹簧压杆

减少滑块 7 的运动摩擦，滑块 7 连接剪切楔形凸轮 8，外伸端与滑块支座 23 通过连杆轴 24 连接剪切连杆，传递剪切机构的动力。

弹簧支座 25 安装在床身侧面，与弹簧 26、弹簧压座 27、螺母 28 及弹簧压杆 29 构成弹簧支架，产生的弹簧力迫使剪切杆回位，紧贴剪切楔形凸轮 8 工作。

安装剪切刀具的剪刀柄 17 位于剪切杆 12 的前端，由背板 14、刀座垫片 15、垫圈 16、剪刀柄 17 和剪刀盖 18 组成，用来切断前方送来的线材。实际使用中应根据切断线材的直径大小更换刀具及其附件。

通常剪切机座 6、弹簧横梁 1 和弹簧支座 25 等形状复杂零件需要用球墨铸铁或灰铸铁铸造，衬套衬板类零件用耐磨材料，其他零件用优质钢制造。

该剪切机构的动力来自曲轴传递的剪切连杆（结构见 3.2 节），剪切连杆通过连杆轴 24 带动剪切滑块 7 往复运动，滑块 7 上的剪切楔形凸轮 8 推动剪切杆 12 横向运动，将送入的长料剪切成镦锻用的料坯并送到指定位置，滑块 7 回程时在弹簧支架的弹簧力作用下使推杆轴 10 紧贴剪切楔形凸轮 8 并带回剪切杆 12。至此，完成一个剪切运动工作循环。

4.4.2　气缸约束式剪切机构

图 4-14 所示为螺母机上采用的气缸约束式剪切机构。该剪切机构采用拼接

装配式结构，由前、后两组组成，处于上、下位置的各两组托架 7、8 和 1、2，这 4 块托架和盖板 3 组成前后通透且中间断开的方形框架结构；在前、后二组托架中间相对位置的侧面分别安装供导向用的滑动衬板 4，可有效减小摩擦，在这前后托架间面对面安装的滑动衬板 4 留出的空间供剪切杆 6 的方形部分导向；前后通透的方向供剪切滑块 21 导向。

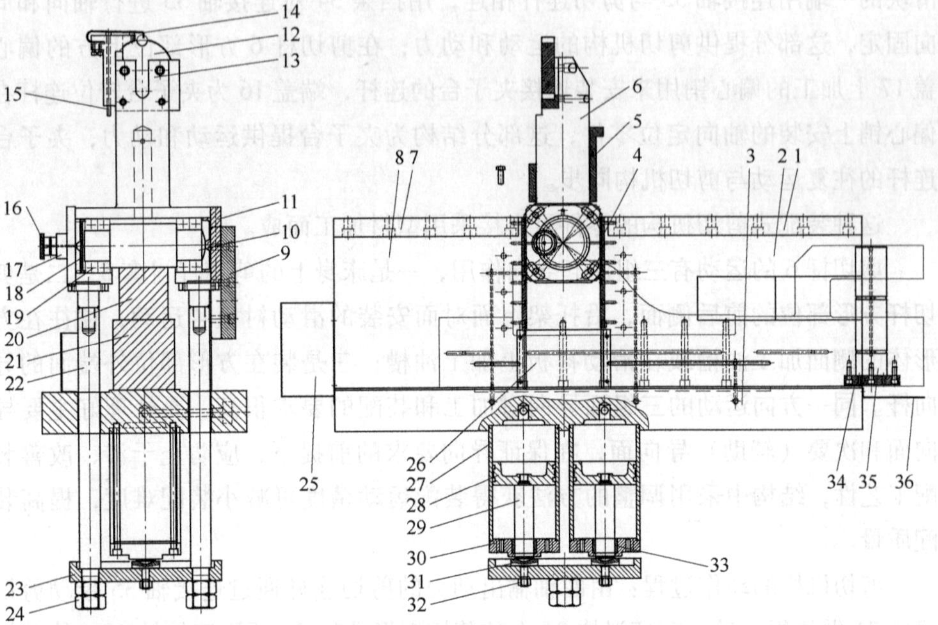

图 4-14　气缸约束式剪切机构

1—剪切箱后托架上　2—剪切箱后托架下　3—盖板　4—滑动衬板　5—剪切杆衬套　6—剪切杆　7—剪切箱前托架上　8—剪切箱前托架下　9—下托架　10—滚轮轴　11—剪切筒底盖　12—剪刀　13—外刀座　14—弹簧夹子　15—顶杆　16—端盖　17—偏心盖　18—调整垫圈　19—调心滚子轴承　20—剪切楔形凸轮　21—剪切滑块　22—导向杆　23—气缸挡板　24—螺母　25—挡油斗一　26—挡油斗二　27—气缸筒　28—活塞　29—活塞杆　30—气缸盖　31—气缸盖垫板　32—调整螺母　33—固体润滑轴承　34—挡条　35—连接轴　36—挡油斗三

剪切杆 6 的圆柱杆部由安装在床身上的剪切杆衬套 5 导向，左端方形型腔内的滚轮轴 10 通过调心滚子轴承 19 连接，滚轮轴 10 和轴承端部用剪切筒底盖 11 和调整垫圈 18、偏心盖 17 轴向定位并固定；剪切杆 6 的方形端部连接两根导向杆 22，导向杆 22 的另一端固定在气缸挡板 23 上，并用双螺母 24 固定防松；由气缸筒 27、活塞 28、活塞杆 29、气缸盖 30（气缸盖上安装固体润滑轴承 33）

组成的气缸，气缸筒 27 部分固定在盖板 3 上，活塞杆头部顶压气缸盖垫板 31，气缸盖垫板 31 固定在气缸挡板 23 上，调整螺母 32 用来调节两气缸顶出行程的差异。

剪切杆的头部用来安装剪刀，由剪刀 12、外刀座 13、弹簧夹子 14 及顶杆 15 组成，构成切断线材的工作部分；剪切楔形凸轮 20 安装在剪切滑块 21 上，滑块的一端用连接轴 35 与剪切连杆相连，用挡条 34 对连接轴 35 进行轴向和周向固定，这部分提供剪切机构的运动和动力；在剪切杆 6 方形部位上方的偏心盖 17 上加工的偏心销用来安装连接夹子台的连杆，端盖 16 为夹子台转位连杆在偏心销上安装的轴向定位零件，这部分结构为夹子台提供运动和动力，夹子台连杆的往复运动与剪切机构同步。

这种装配式剪切机构的零件可直接采用型材加工而成。

剪切杆 6 的运动有三组面起导向作用，一是床身上的剪切杆衬套 5；二是剪切杆方形部位的前后侧面，沿托架上面对面安装的滑动衬板 4 运动，往往在方形体的侧面加工油槽或在滑动衬板上加工油槽；三是装在方形部位外端面的导向杆。同一方向运动的三组面导向对加工和装配的要求很高，要处理好主要导向面和次要（辅助）导向面，在保证导向要求的前提下，应防止干涉，改善装配工艺性，结构中采用调整的方法获得装配运动精度可减小装配难度，提高装配质量。

剪切机构的动作过程：由曲轴输出动力的剪切连杆通过连接轴 35 带动剪切滑块 21 做往复运动，剪切滑块 21 上的剪切楔形凸轮 20 顶压滚轮轴 10，使剪切杆 6 按凸轮的运动轨迹要求在与其垂直的方向运动，将原材料切成镦锻用料坯，并送至指定位置；同时按剪切杆的运动行程带动夹子台夹持坯料在各工位间运动（偏心盖 17 上的腰形槽可调节其在工位间运动的行程大小），同时完成剪料和夹钳动作；剪切杆复位并使其紧贴凸轮的回复力由气缸提供。

第5章

夹钳传送机构

5

夹钳传送机构在冷镦机自动作业中起着重要的坯料传递作用，它将需要改变形态的坯料从上一工位传送到下一工位，使坯料在不同的冷镦模具中连续变形成形，制成需要的产品。夹钳传送机构的动作与机械手动作类似，有时也称之为机械手部件。

夹钳传送机构要完成坯料的夹取和松开，将坯料从一个工位送到另一个工位，有时还需要将夹持的坯料掉头翻转。因此，夹钳传送机构由能够夹紧和松开坯料的夹钳部分、实现夹钳夹紧和松开动作的机械夹持机构、带动夹钳从上一工位移动（或转动）到下一工位的运动机构、实施坯料（水平面内）调头翻转的执行机构、安装夹钳的基础件，以及使整个夹钳传送机构脱离工作位置，便于调整更换模具所要求的（垂直面内）翻转操作机构等组成。

夹钳夹持的坯料不同，采用的夹钳形式也不同，有大张嘴夹钳和闭口夹钳等形式。通常夹钳是由左右对称的两个杆件组成夹子，从两侧对坯料对中夹紧。

夹钳的夹紧通常采用弹簧力直接夹紧或在机械机构作用下夹紧。机械作用下的夹紧机构通常由铰链机构组成，由凸轮、摇臂、摆叉、拉杆等传动机构驱动夹钳张开或夹紧。

各工位的夹钳转位是同时进行的，转位机构常由牵引拉杆、钳板、夹子座、摇臂、夹子台等组成。由牵引拉杆带动钳板和夹子座，通过摇臂的转动绕夹子台转动，将坯料从上一工位送到下一工位。

夹钳的（水平面内）翻转运动常借助夹钳相对基座的相对运动使夹钳产生自转。

组成整个夹钳机构的体积和重量都较大，在模具维护和调整过程中，需要将夹钳机构（垂直面内）翻转离开工作位置，其翻转转位操作往往采用气缸或机械减速机构来驱动。

5.1 夹钳

夹钳的作用是在传递坯料的过程中夹持坯料。按平常不工作时的钳口状态，分为闭口夹钳和开口夹钳。闭口夹钳（跳式夹钳）依靠弹簧力的作用，当被坯料顶开钳口时，弹簧被压缩、钳口张开而夹紧坯料，是一种被动的夹紧状态；开口夹钳是在铰链结构的作用下，主动地使钳口张开后收缩而夹紧坯料，其张开的工作范围和夹紧力都比较大，常用的就是大张嘴夹钳；因此，大张嘴夹钳需要一套使夹钳产生夹紧力的机构，同时这套机构要适应整个夹钳转位输送坯料的要求，组成结构要比闭口夹钳结构复杂得多。

多工位冷镦机的加工工艺范围宽，单一功能的夹钳不能适应生产的需要，往往将多种功能组合在一起，基本的组合形式是将夹紧和翻转功能组合，以适应不同的生产要求。所谓翻转，本质上是将坯料调头，让夹钳绕自身的轴线转动 180°，传动结构上是利用夹钳从上一工位向下一工位传送坯料的过程中，使运动的夹钳相对于固定的基座之间设置齿轮（齿条）副，在基座上（夹钳的转动中心）和夹子轴上安装齿轮，在基座上的齿轮固定不动，在夹子轴上的齿轮绕基座上的固定齿轮转动带动夹子轴转动，从而带动夹钳自转；如有需要，可按夹钳传送坯料转过的角度和两啮合齿轮的齿数比设计任意的旋转角度。

5.1.1 闭口夹钳

图 5-1 所示为闭口旋转夹钳，常用于螺母机上。夹子轴 8 通过夹子轴上下布置的夹子座轴承 7、9 及向心推力轴承 13 安装在夹子座（绕固定部分转动，又称关节）6 上；在夹子轴 8 的上方，由挡圈 5 和弹簧 4 支撑轴向重力，由平键 3 连接动扇形齿轮 2，轴向用端盖 1 固定；夹子轴 8 下端装左右夹子 17，在夹子两侧装弹簧座 14、弹簧 15 和弹簧压片 16 固定在夹子轴 8 上，给夹子施加足够的弹簧力，用以夹紧坯料；中间的夹子轴连杆 10 通过夹子轴连杆轴承 11 和夹子轴中轴承 12 连接夹子轴 8，用以拉动夹子座整体转动；夹子座 6 通过关节轴承 18 和转动销与夹子台基座连接在一起。

夹子轴连杆 10 拉动夹子座 6 转动时，夹子座 6 上的夹子将在上一工位被顶压入夹子夹紧的坯料转动到下一工位，工件被冲头顶入模具，完成传送；若需要旋转坯料，则通过夹子轴 8 上的动扇形齿轮 2 绕固定在夹子基座上的固定扇齿轮转动来实现；若不需要旋转坯料，则必须使两个扇形齿轮脱离啮合，同时可以在夹子轴连杆 10 上安装止转座 19，使止转座 19 的平面压在夹子轴 8 下方的夹子侧面的平面上，从而阻止夹子轴 8 转动。

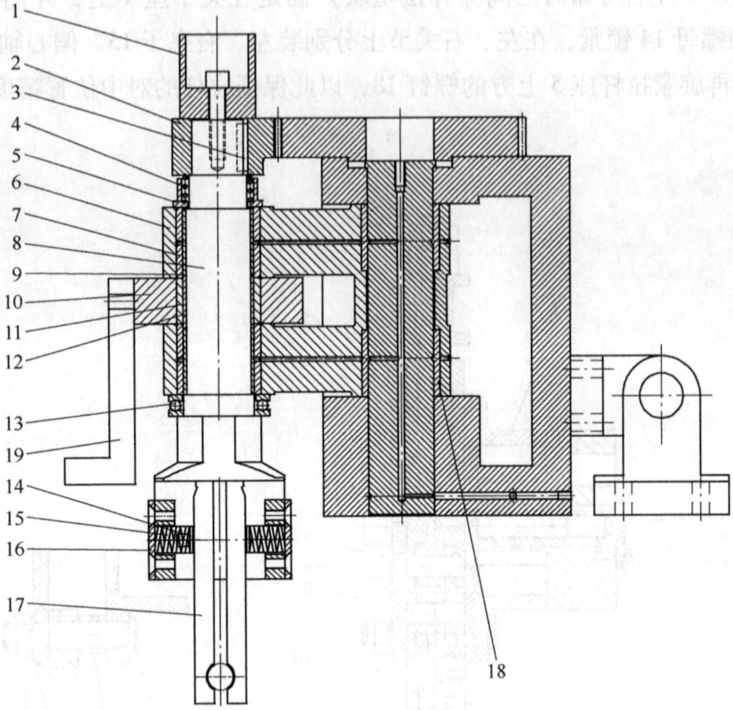

图 5-1　闭口旋转夹钳

1—端盖　2—动扇形齿轮　3—平键　4、15—弹簧　5—挡圈　6—夹子座（关节）　7、9—夹子座轴承　8—夹子轴　10—夹子轴连杆　11—夹子轴连杆轴承　12—夹子轴中轴承　13—向心推力轴承　14—弹簧座　16—弹簧压片　17—夹子　18—关节轴轴承　19—止转座

夹子轴 8 结构细长且精度要求高，表面淬硬易产生弯曲变形并形成残余应力，在旋转送料时造成严重磨损，结构上采用在夹子轴 8 上加装固定滑动轴承的形式，结构虽然显得复杂，但有效解决了夹子轴 8 的变形和磨损问题，保证了夹子轴 8 的精度。

5.1.2　大张嘴夹钳

图 5-2 所示为只有夹持坯料功能、没有旋转功能的大张嘴夹钳。大张嘴夹钳夹紧需要外力的作用才能实现。施加夹紧力的机械手拉杆 2 通过拉杆座 5 安装到

夹子座 1 上；拉杆上方安装了施力结构滑套 4，用两个六角螺母 3 调整行程和间隙并锁紧；拉杆下方用长销轴 7 连接两块腰形片 8，腰形片 8 的另一端分别用短销轴 9 连接到左、右关节 10 上，在左右关节上的第三个孔通过定位轴 11 和垫圈 12（腰形片 8 左右分布时的间隙补偿垫块）固定在夹子座 1 上，并用碟形弹簧 13 和自锁螺母 14 锁紧；在左、右关节上分别装左、右夹子 15。偏心轴 6 做精确调整后，再旋紧拉杆座 5 上方的螺钉 18，以此保证拉杆的对中位置精度。

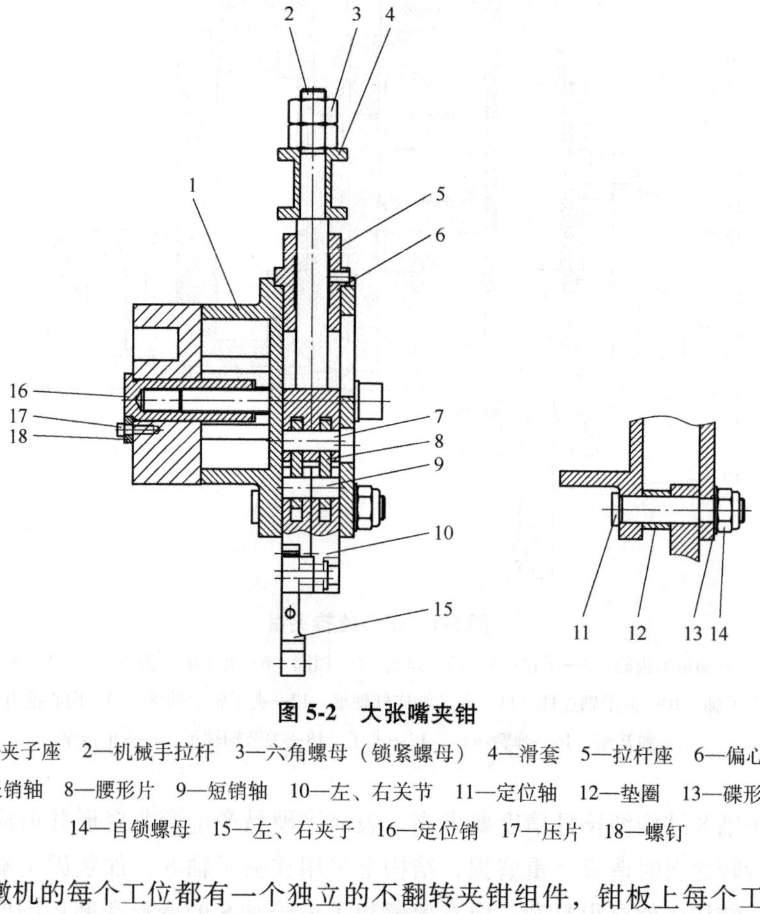

图 5-2　大张嘴夹钳

1—夹子座　2—机械手拉杆　3—六角螺母（锁紧螺母）　4—滑套　5—拉杆座　6—偏心轴　7—长销轴　8—腰形片　9—短销轴　10—左、右关节　11—定位轴　12—垫圈　13—碟形弹簧　14—自锁螺母　15—左、右夹子　16—定位销　17—压片　18—螺钉

冷镦机的每个工位都有一个独立的不翻转夹钳组件，钳板上每个工位都有两个用压片 17 做轴向和周向限制的定位销 16，不翻转夹钳组件用螺钉固定到这两个定位销上，从而将整个不翻转夹钳组件固定到钳板上。

外力（由凸轮机构提供）通过拔叉作用于滑套 4 上，使拉杆向上或向下运动，由左右腰形片和关节构成的对称的四杆铰链机构则使夹子向内（夹紧）或向外移动（松开），完成坯料的夹持传送，在下一工位松开继续镦锻成形。

夹子座 1 连同在上方的夹钳部分用螺钉安装到钳板的定位销 16 上，随钳板的摆动而旋转，在相邻工位间传递坯料。

5.1.3　旋转夹钳

图 5-3 所示为一种螺栓机上采用的旋转夹钳。该旋转夹钳采用深沟球轴承 8 和单列滚子轴承 14 连接旋转夹子座 1 和旋转夹子拉杆 2；固定锥套 5 连接旋转扇齿轮 6，用垫圈 4 和锁紧螺母 3 固定锁紧，将来自旋转扇齿轮的动力传递给旋转夹子拉杆 2；固定环 7 对深沟球轴承 8 进行轴向双向定位，中间隔套 9 和调整螺母 10 调整拉杆的轴向位置；单列滚子轴承 14 上方用轴用挡圈 12 和轴承盖 13 轴向定位；夹持部分由弹簧压片 15、扁弹簧 16 和旋转夹子 17 组成；止转座 11 是在旋转扇齿轮 6 与固定扇齿轮脱离啮合、不需要夹钳旋转时固定，使夹子夹持坯料转位而不旋转。

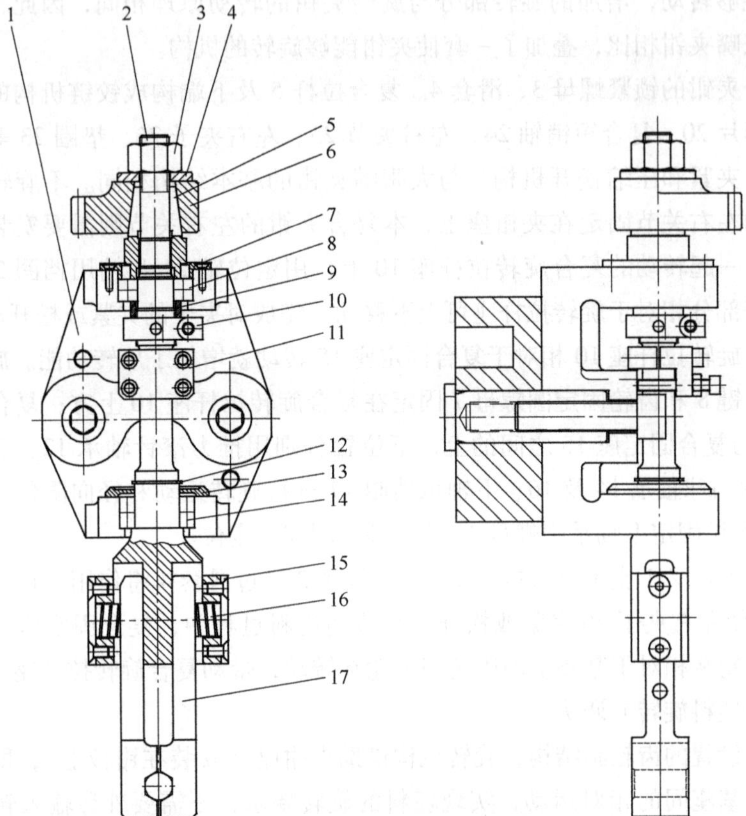

图 5-3　旋转夹钳

1—旋转夹子座　2—旋转夹子拉杆　3—锁紧螺母　4—垫圈　5—固定锥套　6—旋转扇齿轮　7—固定环　8—深沟球轴承　9—中间隔套　10—调整螺母　11—止转座　12—轴用挡圈　13—轴承盖　14—单列滚子轴承　15—弹簧压片　16—扁弹簧　17—旋转夹子

与图 5-1 的闭口旋转夹钳比较，两者采用的轴承不同，图 5-3 的旋转夹钳采用滚动轴承，结构简单、可靠；旋转扇齿轮用锥套固定，定心准确、调整方便；止转座将轴固定在座上，角度和位置都可调整，适应性强且调整位置准确；夹钳部分自成一体，再与连杆连接，安装、维护、调整更加方便，整体工艺性更好；图 5-3 的旋转夹钳通过螺钉和定位销安装在钳板上，而图 5-1 的旋转夹钳安装的夹子座也被称为关节，可在相邻工位间摆动，关节直接连接到夹子台，没有中间的钳板结构。

5.1.4 复合夹钳

复合夹钳是将大张嘴夹钳的夹紧功能与旋转功能结合，适用的范围更宽，其结构更加复杂。图 5-4 所示的复合夹钳本质上是让图 5-2 中的大张嘴夹钳的主要部分能够转动，增加的旋转部分与旋转夹钳的转动原理相同，因此，复合夹钳与大张嘴夹钳相比，叠加了一套使夹钳能够旋转的机构。

复合夹钳的锁紧螺母 3、滑套 4、复合拉杆 5 及下端构成铰链机构的长销轴 19、腰形片 20、复合短销轴 24、左右关节 25、左右夹子 26、垫圈 23 等组成夹钳的拉伸夹紧和压缩松开机构，与大张嘴夹钳的基本结构相同。不旋转的大张嘴夹钳的左右关节固定在夹钳座上，本复合夹钳的左右关节则需要安装在与复合拉杆 5 一起转动的复合旋转拉杆座 10 上，用定位轴 21 和轴用挡圈 22 连接，这样拉杆部分相对于旋转拉杆座可上下移动，完成对夹子的夹紧或松开动作。

复合旋转拉杆座 10 相对于复合固定座 15 转动就增加了旋转功能。旋转扇齿轮 9 用平键 8 和齿轮固定圆螺母 7 固定在复合旋转拉杆座 10 上方；复合旋转拉杆座 10 与复合固定座 15 之间的上、下位置分别用推力滚针轴承 12、上轴承挡圈 13、深沟球轴承 14 及 16、下轴承挡圈 17 进行旋转运动和径向限位，推力滚针轴承 18 用固定上轴承圆螺母 11 调整轴向间隙并定位。

复合下拨叉 1 支承复合拨叉 2，复合拨叉 2 通过滑套 4 将作用力传递给复合拉杆 5，使左右夹子 26 夹紧或松开。在传递送料过程中，复合固定座 15 转动，旋转扇齿轮 9 相对于基座上的固定扇齿轮 6 转动，带动复合旋转拉杆座 10 旋转，从而带动坯料旋转或调头。

通过设置的齿轮副结构，旋转机构借助夹钳座（安装在钳板上），即钳板相对夹子台基座间的相对运动，实现坯料的旋转要求，不需要外界输入转动的动力，结构简单；在加工过程中，当不需要坯料旋转调头时，将两齿轮脱开啮合，并将复合旋转拉杆座 10 与复合固定座固定连接，即可取消旋转功能，方便地将其调整为普通的大张嘴夹钳。

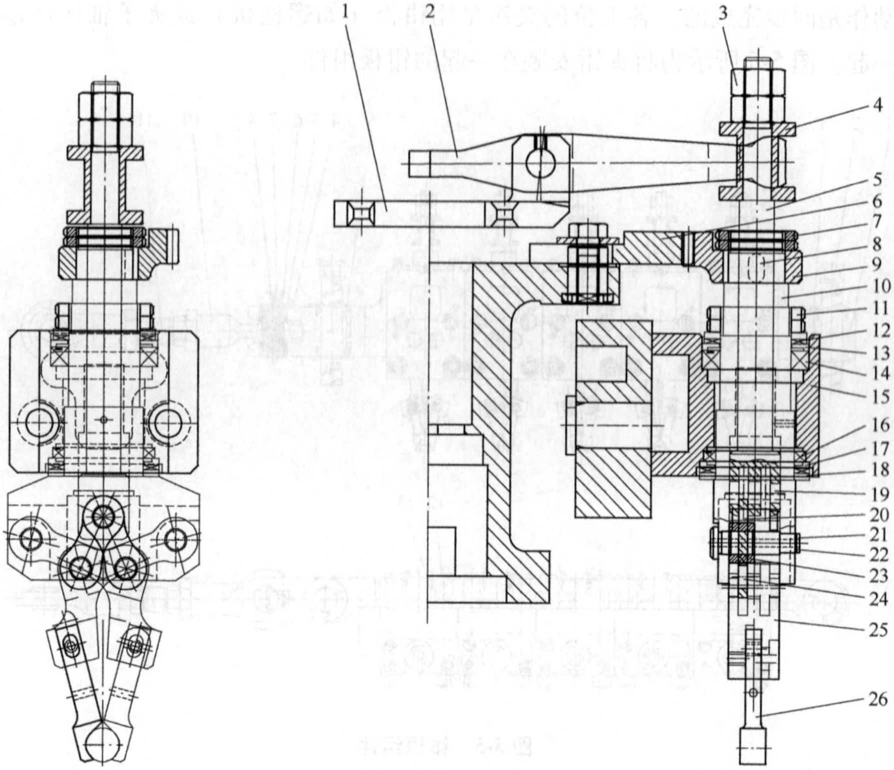

图 5-4　复合夹钳

1—复合下拨叉　2—复合拨叉　3—锁紧螺母　4—滑套　5—复合拉杆　6—固定扇齿轮
7—齿轮固定圆螺母　8—平键　9—旋转扇齿轮　10—复合旋转拉杆座　11—固定上轴承圆螺母
12、18—推力滚针轴承　13—上轴承挡圈　14、16—深沟球轴承　15—复合固定座　17—下轴承挡圈
19—长销轴　20—腰形片　21—定位轴　22—轴用挡圈　23—垫圈　24—复合短销轴
25—左右关节　26—左右夹子

大张嘴夹钳的夹紧机构是由拉杆牵引的铰链机构，牵引拉杆的动力来自传动系统，传递路线长、结构比较复杂，而闭口夹钳利用弹簧力夹紧，结构简单，一般用于螺母等工艺简单的结构件加工中。

5.2　转位机构

5.2.1　钳板组件

将坯料从上一工位传递到下一工位是每把夹钳的基本动作，各个夹钳的转位动作是同步完成的，各工位的夹钳是用钳板（如螺栓机）或夹子轴连杆连接在一起。图 5-5 所示为将夹钳安装在一起的钳板组件。

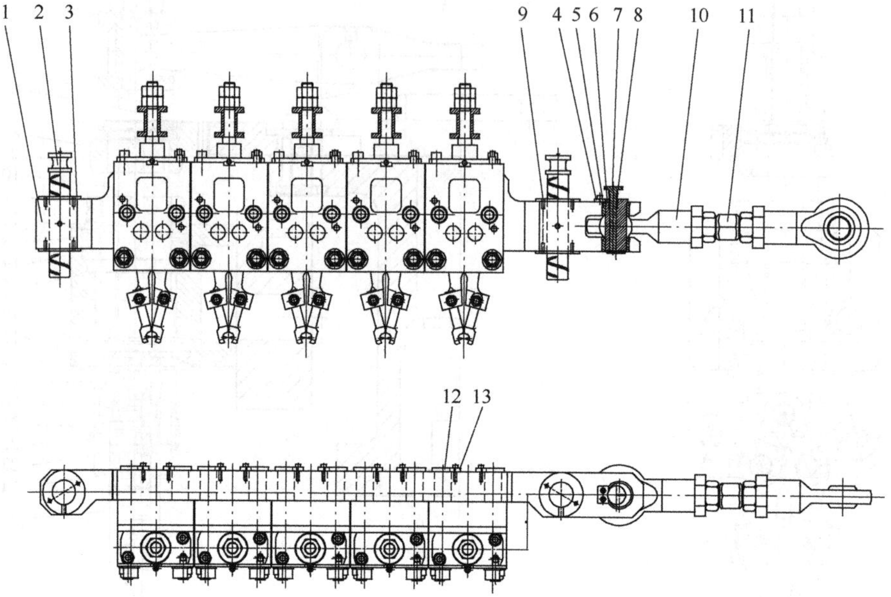

图 5-5　钳板组件

1—钳板　2—横移轴（摇臂后轴）　3—垫圈　4—挡块　5—轴承　6—销轴　7—滚花轴　8—弹簧　9—弹性圆柱销　10—关节轴承接杆　11—双向螺纹调节杆　12—定位销　13—压片

各工位的夹钳是通过 2 个螺钉连接钳板 1 上的定位销 12，定位销 12（即图 5-2中的 16）用压片 13（即图 5-2 中的 17）在钳板 1 上定位；钳板 1 两端的横移轴 2 及其垫圈 3 通过摇臂（基座组件上的零件，见图 5-9 中的 2）与基座相连，并绕基座左、右摆动实现对坯料的传递；钳板 1 的另一端接收往复摆动的动力，由钳板 1 上的轴承 5、销轴 6 连接可调长度的动力传递部件的关节轴承接杆 10（左、右螺纹各一节）和双向螺纹调节杆 11 等组成；挡块 4 用于防止销轴 6 转动；滚花轴 7、弹簧 8 和弹性圆柱销 9 组成拔销操作机构，同时对销轴 6 起轴向定位作用（弹性圆柱销 9 工作时处于销轴 6 下方槽内，且在钳板下方横向挡住销轴 6，若处于槽的垂直方向则可拉出销轴 6）。

图 5-5 所示的钳板组件是用钳板将各工位的夹钳结构连接在一起，需要在钳板的两端用横移销和销轴将摆动的转动关节（摇臂）连接到基座上，关节总数为两个，结构简单、工作可靠。螺母机上的钳板结构（见图 5-1）是利用夹子轴连杆（相当于钳板作用）将各工位的夹钳连成一体，同时其中的夹子座既是夹

钳的基础件，也是一个转动关节，直接与夹钳的基座铰接，传递材料时往复摆动；这种结构的关节数量等于工位数量，关节数量多，存在的制造误差和连接误差都会直接影响关节的转动情况，给制造、装配、调整维护增加难度。

5.2.2　钳板的驱动

钳板驱动的主要作用是使钳板产生往复摆动，从而传递坯料。驱动方式有直接（独立）驱动和间接驱动两种，直接驱动的动力来源于曲轴传出的传动机构，间接驱动的动力经由其他机构传出或共用。

图 5-6 所示为夹子台移位的连杆结构，这种用于螺母机上的夹钳钳板不是由冷镦机的传动机构直接驱动，而是将其机构连接到冷镦机剪切机构的偏心盖上，动力经剪切机构传出，随剪切机构一起做直线往复运动，通过转动剪切机构上的偏心盖调整与之相连的连杆相对位置，调节夹钳机构的运动和位置精度。剪切机构上的偏心盖（见图 4-14 的 17）带动连杆 2，连杆 2 通过拉杆头 6 和连杆销 4 连接夹钳的夹子轴连杆 7，牵引夹子轴连杆 7 使夹钳动作。连杆 2 的大、小头采用滑动轴承 1 和 3，端盖 5 是用来固定连杆小头的连杆销 4。

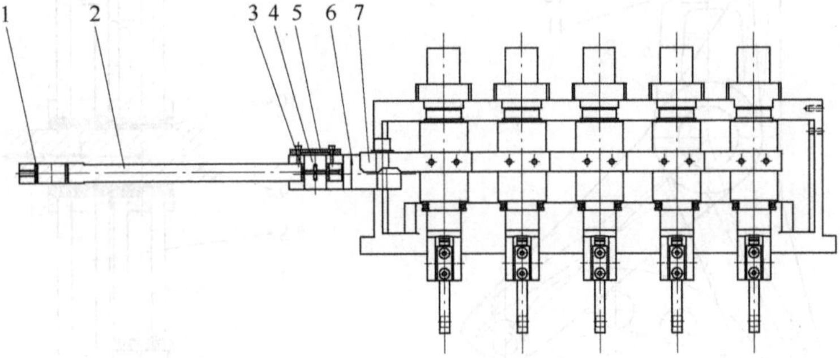

图 5-6　夹子台移位的连杆结构

1—连杆大头轴承　2—连杆　3—连杆小头轴承　4—连杆销　5—端盖　6—拉杆头　7—夹子轴连杆

这种驱动方式要与剪切机构的动作相匹配。当剪切机构开始剪切动作时，夹钳开始从前一工位向后一工位送料，剪切终了应把剪下的坯料送到第一工位位置，同时驱动的其他夹钳处于下一工位位置；当剪切机构退回时，夹钳送料机构退回到前一工位等待下一动作。由于材料进入的第一工位是由剪切机构直接送入，因此，夹钳的总数量要比加工的工位数少一个。调整偏心盖（见图 4-14的 17）的角度可微量调整夹钳的运动行程。

图 5-7 所示为夹子台移位原动力的凸轮结构，这是螺栓机上常见的夹子钳板

驱动方式，由传动系统直接输出带动凸轮驱动。动力来源于传动系统的侧向轴1，在传动轴上用胀紧套2安装双凸轮3（分别是驱动凸轮和压紧凸轮），双凸轮3的行程变化分别由滚子轴承6、滚轮轴4和滚轮轴挡块5传递给传动摇臂7和夹紧摇臂8，两摇臂通过摇臂轴衬套10支承在摇臂轴9上；摇臂轴9固定在床身侧面（位于侧向轴支承座上方）的轴承座上；为使传动摇臂7紧贴在驱动凸轮上，在两摇臂间采用力约束方式压紧，在夹紧摇臂8上安装碟形弹簧挡杆11、碟形弹簧12和碟形弹簧挡圈13，在传动摇臂7上安装顶杆14，调整弹簧力后用锁紧螺母15锁紧；在传动摇臂7上端的孔用拉杆销16连接关节轴承接杆（见图5-5中的部件10）。

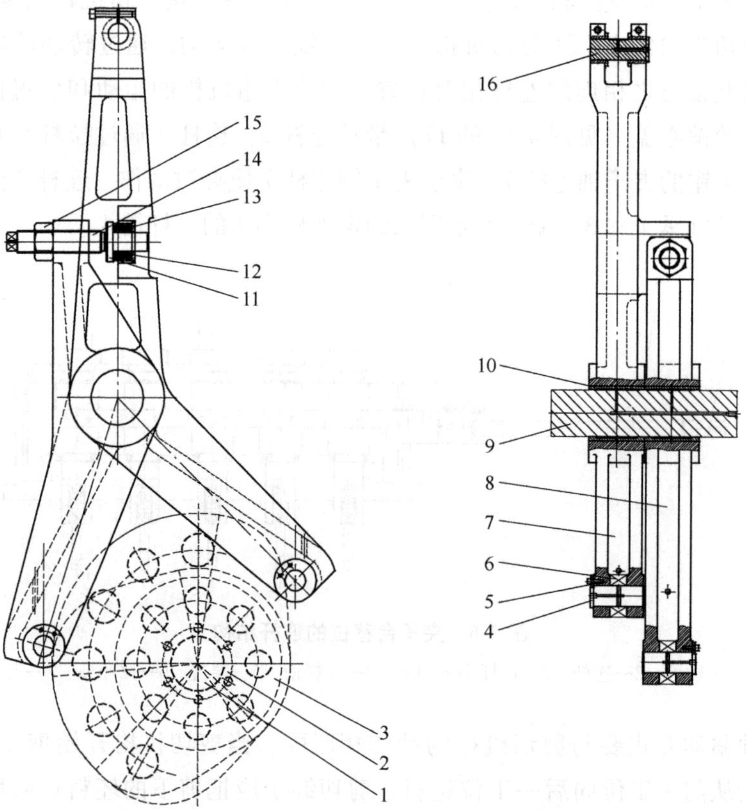

图5-7　夹子台移位原动力的凸轮结构

1—侧向轴（双凸轮的支承轴）　2—胀紧套　3—双凸轮　4—滚轮轴　5—滚轮轴挡块　6—滚子轴承　7—传动摇臂　8—夹紧摇臂　9—摇臂轴　10—摇臂轴衬套　11—碟形弹簧挡杆　12—碟形弹簧　13—碟形弹簧挡圈　14—顶杆　15—锁紧螺母　16—孔用拉杆销

由传动系统的侧向轴、双凸轮、连接钳板组件的关节轴承接杆构成钳板运动的驱动部分。该部分的驱动行程大小由凸轮的行程决定，在凸轮设计时给定，与钳板移动的行程相适应，关节轴承接杆连接的是双向螺纹调节杆（见图 5-5 中的部件 11），用来调节夹钳送料的起始和终了位置，要与模具所在中心位置一致。

5.3 夹子台

夹子台的主要作用是为夹钳及其运动部分（夹钳的送料转位、旋转、夹紧）提供安装的基础，并与夹钳部分组成一体，方便在换模和维护时整体翻转，提供足够且合适的操作空间。

5.3.1 闭口旋转夹钳的夹子台

图 5-8 所示为螺母机上常用的闭口旋转夹钳的夹子台。闭口旋转夹钳通过关节轴 3 连接到夹子台座 1 上，使夹钳相对于台座在前后工位间转动；固定扇齿轮 2 以关节轴 3 为中心安装，当夹钳转动时，夹钳安装轴上的动扇齿轮与固定扇齿轮 2 产生啮合转动，而使夹子带动坯料旋转，增加了夹钳的旋转功能。

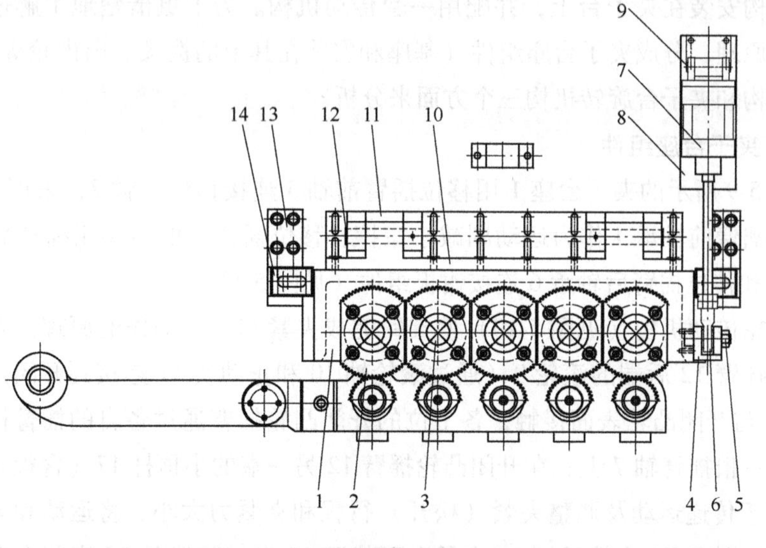

图 5-8　闭口旋转夹钳的夹子台

1—夹子台座　2—固定扇齿轮　3—关节轴　4—活塞杆连接座　5—活塞杆销轴　6—活塞杆接头　7—气缸　8—气缸支架　9—气缸连接销轴　10—旋转座　11—旋转支座　12—旋转销轴　13—垫块　14—压板

夹子台座1的前部安装旋转座10（也可与夹子台座制成一体，视工艺要求而定），通过旋转销轴12连接到旋转支座11上，旋转支座11安装在床身的前部；垫块13安装在床身上且处于夹子台座1后部受力较好的位置。当冷镦作业时，压板14的一端压在夹子台座1上，然后用螺钉将压板14固定在垫块13上，固定夹子台座1；当夹子台座1需要旋转时，旋松螺钉并拉动压板14离开夹子台座1，实现快速动作。

夹子台座1旋转的动力来自气缸7，气缸7的缸体通过气缸连接销轴9与安装在床身上的气缸支架8连接；在夹子台座1的侧面位置安装活塞杆连接座4，用活塞杆销轴5将活塞杆连接座4与活塞杆头部的活塞杆接头6连接。在松开压板14使其脱离夹子台座1后，在气缸7的作用下，夹子台座1绕旋转支座11旋转到床身的上方，留出夹钳在动模与定模之间的空间，方便更换模具及调整、维护等作业。

5.3.2 大张嘴夹钳的夹子台

简单的大张嘴夹钳需要具备钳口的夹紧和松开动作，复合的大张嘴夹钳还需要增加一个旋转动作。就结构而言，实现旋转动作的就是一对扇齿轮的相对运动，从原理分析还是比较简单的，复杂的是控制夹钳夹紧和松开动作的机构，这些机构安装在夹子台上，并配用一套传动机构。为了更清楚地了解这部分的结构和原理，分成夹子台座组件（基座和安装在其上的拨叉、扇齿轮等）、夹钳夹紧机构和夹子台旋转机构三个方面来分析。

1. 夹子台座组件

图5-9所示的夹子台座1用移位摇臂前轴5连接移位摇臂2，采用大垫圈3和移位摇臂前轴承4作为运动副减小摩擦；移位摇臂2的后端用摇臂后轴（横移轴）和移位摇臂后轴承6连接钳板组件（见图5-5）。

凸轮传动机构（见图5-10）使夹钳完成夹紧和松开动作的原理：安装在开闭凸轮摇臂12后端的滚轮9（通过滚轮轴10和止动块11连接到开闭凸轮摇臂12上）与开闭凸轮表面接触；各工位的开闭凸轮摇臂通过各自的摇臂衬套8安装在同一根摇臂轴7上；在开闭凸轮摇臂12另一端的小顶杆17（含螺母锁紧部分）用于传递运动及调整夹紧（松开）行程和夹紧力大小，将运动和力传递给拨叉23；拨叉23由拨叉销24支承在下拨叉25上，下拨叉25安装在下拨叉座26上，而下拨叉座26又套装在旋转座31上；拨叉23后端的叉形结构卡在夹钳滑套（见图5-4中的部件4）的中段圆柱表面；当开闭凸轮（见图5-10中的16

和 17）转动改变升程时，带动开闭凸轮摇臂 12 摆动，将运动传给拨叉，拨叉 23 带动夹子轴上的滑套向上或向下运动，夹紧或松开坯料。

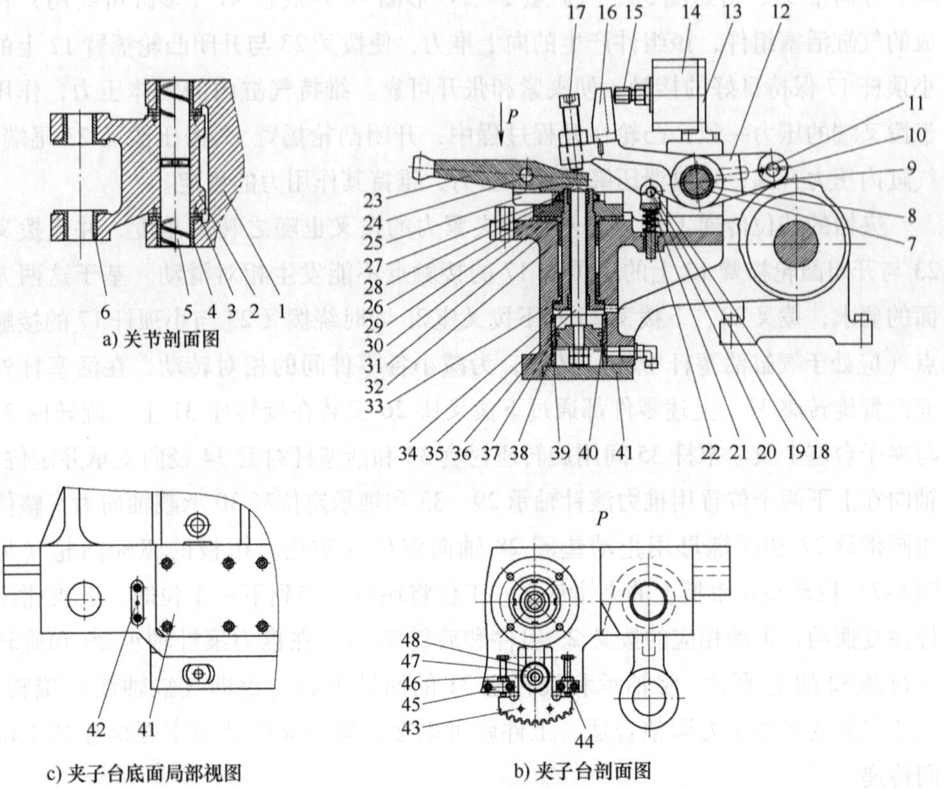

图 5-9　夹子台座组件

1—夹子台座　2—移位摇臂　3—大垫圈　4—移位摇臂前轴承　5—移位摇臂前轴　6—移位摇臂后轴承　7—摇臂轴　8—摇臂衬套　9—滚轮　10—滚轮轴　11—止动块　12—开闭凸轮摇臂　13—气缸座　14—气缸　15—气缸顶杆　16—顶板架　17—小顶杆　18—弹簧销轴　19—小销轴　20—轴用挡圈　21—弹簧　22—弹簧销轴衬套　23—拨叉　24—拨叉销　25—下拨叉　26—下拨叉座　27—圆螺母　28—圆螺母用止动垫圈　29、33—推力滚针轴承　30—轴承定位环　31—旋转座　32—旋转座衬套　34—活塞杆衬套　35—活塞杆　36—活塞　37—导向带　38—密封圈　39—气缸套　40—O 形圈　41—底板　42—导向平键　43—固定扇齿轮　44—小调整座　45—大调整座　46—扇齿轮定位螺套　47—轴用弹性挡圈　48—垫圈

注：图 5-9a 是图 5-10 的 *A—A* 剖视图，图 5-9b 是图 5-10 的 *B—B* 剖视图。

为使整个夹钳机构消除间隙且接触良好，采用两套力恢复机构。一套是由安装在开闭凸轮摇臂 12 下方的弹簧销轴 18、小销轴 19、轴用挡圈 20、弹簧 21

和弹簧销轴衬套 22 组成，支承在夹子台上，依靠其弹簧力使开闭凸轮摇臂 12 与凸轮保持接触；另一套是安装在夹子台上的由活塞杆衬套 34、活塞杆 35、活塞 36、导向带 37、密封圈 38、气缸套 39、O 形圈 40 及底板 41（多缸可共用）构成的气缸活塞组件，该组件产生的向上推力，使拨叉 23 与开闭凸轮摇臂 12 上的小顶杆 17 保持良好的接触，使夹紧和张开可靠。维持气缸内的气体压力，作用于拨叉端的压力一致；凸轮在升程过程中，开闭凸轮摇臂 12 按压拨叉 23 尾端，气缸内压力升高，通过泄压降低气体压力，维持其作用力的稳定。

夹钳的转位传递工作，迫使施加夹紧力的拨叉也随之转过角度，并且拨叉 23 与开闭凸轮摇臂 12 上的小顶杆 17 的接触点不能发生相对滑动。基于这两方面的要求，拨叉 23、下拨叉 25 和下拨叉座 26 同时绕拨叉 23 与小顶杆 17 的接触点（应处于气缸活塞杆中心）转动，为减小各零件间的相对转动，在活塞杆外面设置旋转座 31。上述零件都通过下拨叉座 26 安装在旋转座 31 上，旋转座 31 与夹子台座 1 及活塞杆 35 间用旋转座衬套 32 和活塞杆衬套 34 径向支承并定位；轴向在上下两个位置用推力滚针轴承 29、33 和轴承定位环 30 承载轴向力，整体用圆螺母 27 和圆螺母用止动垫圈 28 轴向定位并防松。钳板的驱动凸轮（见图 5-7）拉动装在钳板上的夹钳从上一工位将坯料传递到下一工位时，各夹钳组件往复摆动，带动相应的拨叉 23 组件和旋转座 31，在推力滚针轴承 29 和旋转座衬套 32 的支承下，绕轴承和旋转座 31 的回转中心（也即气缸轴线）旋转。只要气缸的工作压力调整合适，工件就可以在夹紧可靠的状态下在两相邻工位间传递。

夹钳的旋转动作仍是采用固定扇齿轮 43 与夹钳上的扇齿轮啮合，绕固定扇齿轮 43 转动而使坯料旋转。由于安装空间的限制，螺栓机旋转的固定扇齿轮 43 不能像螺母机那样以旋转中心定位安装，而是采用调整方法实现对中并调整啮合间隙，以大、小调整座 44 和 45 上的调整螺钉调整固定扇齿轮的前后位置（间隙）；为减小长期使用引起的螺纹损坏，进而影响夹子台的寿命，在齿轮中间连接处设置扇齿轮定位螺套 46，并用轴用弹性挡圈 47 定位，当调整好扇齿轮的位置后，用螺钉和垫圈 48 在扇齿轮定位螺套 46 上固定扇齿轮。

在第一工位上方的气缸 14 通过气缸座 13 安装在摇臂轴 7 的座孔上方，气缸的活塞顶杆顶在安装开闭凸轮摇臂 12 后方靠近小顶杆 17 位置的顶板架 16，其作用是在气缸的推动下松开夹子，使剪切的料头、料尾和不合格的坯料脱落并剔除，或在需要间歇镦锻时取消夹持，停止从剪切位置抓取坯料送入第一工位的动作。

夹子台底面的导向平键 42 是夹子台座与床身装配定位的基准。

2. 凸轮传动机构

图 5-10 所示为负责夹子的夹紧和松开动作的凸轮传动机构，动力由传动系统的竖向传动轴上端的主动锥齿轮传给开闭凸轮轴 1 上的从动锥齿轮 4。从动锥齿轮 4 由平键 3 传递动力、Z2 胀紧套 2 径向定位，调整隔圈 5 和套 6 做轴向定位并调整啮合位置和间隙；开闭凸轮轴 1 由深沟球轴承 8 和法兰 7 支承在轴承座 9 上，由轴承套 11 及轴承 13、轴承隔套 12 和轴承盖 10 支承在操作侧支座 14 上；同时开闭凸轮轴 1 的另一端通过挡圈 21、深沟球轴承 22 和轴用弹性挡圈 23 固定在剪切侧支座 25 的一端；开闭凸轮轴 1 由三点（轴承）支承，提高了结构刚性，增加了加工、装配难度。在凸轮轴的剪切侧支座和操作侧支座之间，安装开闭凸轮 16、17 及送料凸轮 20，靠近操作侧采用右隔套 15、剪切侧采用挡圈 21，方便修磨修配间隙，中间用大、小间隔环 18 和 19 隔开。

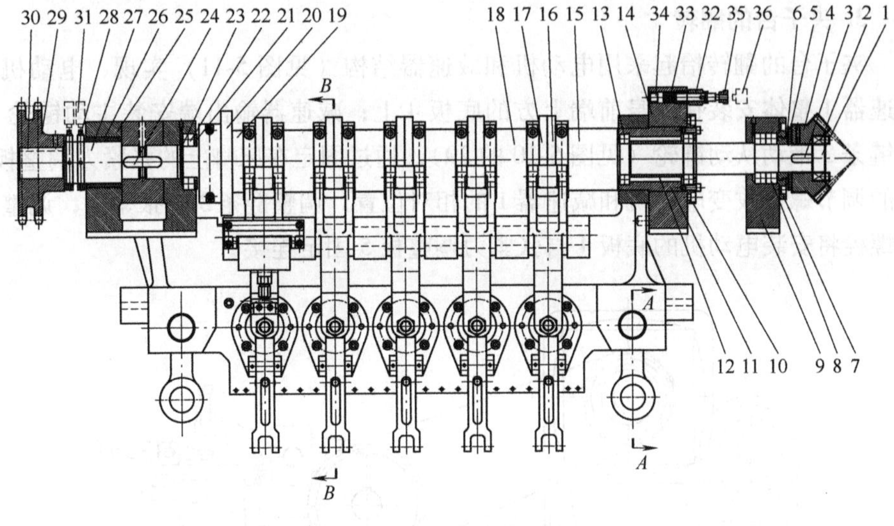

图 5-10　凸轮传动机构

1—开闭凸轮轴　2—Z2 胀紧套　3、24、30—平键　4—从动锥齿轮　5—调整隔圈　6—套　7—法兰　8、22—深沟球轴承　9—轴承座　10—轴承盖　11—轴承套　12—轴承隔套　13—轴承　14—操作侧支座　15—右隔套　16—开闭凸轮（右）　17—开闭凸轮（左）　18—大间隔环　19—小间隔环　20—送料凸轮　21—挡圈　23—轴用弹性挡圈　25—剪切侧支座　26—链轮轴滑动轴承　27—从动链轮轴　28—感应圈　29—从动链轮　31—传感器支架　32—限位销座　33—弹簧　34—限位销　35—滚花轮　36—开关支架夹子台座（见图 5-9 中的部件 1）的一端支承在凸轮轴靠近操作侧支座 14 侧面的轴承套 11 的外圆面上；另一端用平键 24 连接到从动链轮轴 27 上，通过从动链轮轴 27 支承在剪切侧支座 25 的两个圆孔上。从动链轮轴 27 是一悬臂结构，采用链轮轴滑动轴承 26 安装到剪切侧支座 25 上，与开闭凸轮轴 1 同轴。从动链轮轴 27 靠近支座侧安装的感应圈 28，在其附近的支座上装有传感器支架 31，用来检测开闭的凸轮轴 1 的（夹子台上升转动）转角等位置信息；从动链轮 29 由平键 30 连接在轴端，作为使夹子台旋转的输入动力源。

处于操作侧支座 14 上的限位销座 32、弹簧 33、限位销 34 和滚花轮 35 构成夹子台旋转（链轮传动）后位置固定的机械挡销；当处于工作状态时，挡销插入夹子台上相应的销孔处，作为安装到位的依据，挡销外露部分最短；拔出挡销，夹子台在电动机的带动下抬起；在挡销附近安装轴承座上的开关支架 36，安装位置开关来检测夹子台状态，工作时可接通电源，使机器工作，而夹子台处于抬起状态时位置开关断开，意味着处于检修或更换模具状态，此时会切断电源，保证作业安全。

3. 夹子台的翻转

夹子台的翻转抬起采用电动机和减速器结构（见图 5-11）实现，电动机和减速器 1 整体安装在床身前端上方的底板 4 上；减速器输出端安装主动链轮 2，用链条 3 带动从动链轮（见图 5-10 的 29），通过固定在床身上的张紧力调整板 5 上的调节螺钉改变电动机和减速器 1 的相对位置，调整链条 3 的张紧力，调整后用螺栓将安装电动机的底板 4 与张紧力调整板 5 固定连接。

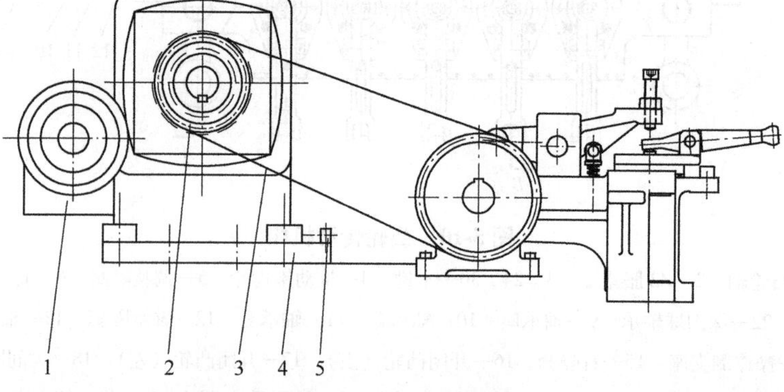

图 5-11 夹子台的翻转

1—电动机和减速器 2—主动链轮 3—链条 4—底板 5—张紧力调整板

5.4 模前挡料机构

顾名思义，模前挡料机构（见图 5-12）处在模具（定模）的前方，用于挡住加工过程中的坯料，保证其不致跌落或改变方向和位置，保证夹钳机构能够准确、可靠地夹持坯料，并将其移动到下一个工位的准确位置，保证加工的安全性和可靠性。

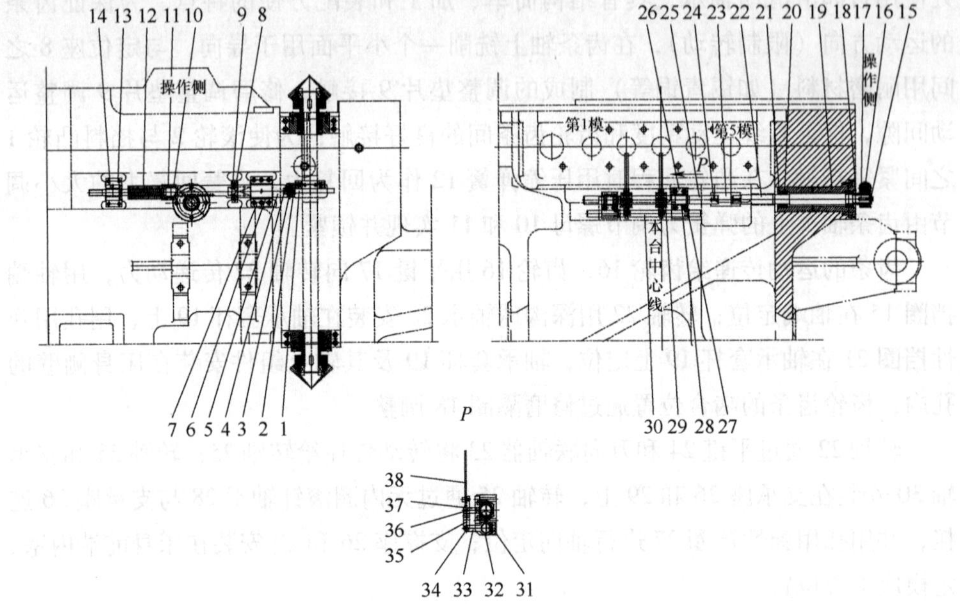

图 5-12 模前挡料机构

1—挡料凸轮 2—滚轮 3—滚动轴 4—垫圈 5—齿条轴 6、14、32—自润滑轴承 7、13—轴承座 8—定位座 9—调整垫片 10、11—弹簧力调节螺母 12—压缩弹簧 15—轴端挡圈 16—齿轮 17、24—平键 18—隔圈 19—轴承套杯 20—深沟球轴承 21、27—孔用弹性挡圈 22、25—转轴 23—万向联轴器 26、29—支承座 28—无内圈滚针轴承 30—支承轴 31—挡块 33、37—摆杆 34、36—销 35—挡料摇臂 38—挡料杆

模前挡料机构的驱动力与夹钳传动机构的动力都是由竖轴传出。竖轴上方的锥齿轮将动力传递给夹钳机构的开闭凸轮轴，竖轴中间放置凸轮可将动力传递给模前挡料机构，二者之间没有确定的相位关系，根据挡料的坯料情况做相应的改变，方便通过挡料凸轮与竖轴的相对关系来调整，以满足挡料的动作要求。

模前挡料机构由凸轮驱动的齿轮齿条机构来实现。竖轴上凸轮驱动的齿条部分安装在床身的侧面；齿条带动的齿轮部分垂直于齿条，将动力传递到床身内，将齿条的往复运动转化为齿轮的摆动，带动挡料杆运动，在镦锻时向后下方运动离开坯料，镦锻结束后向前上方运动挡住坯料端面；为方便连接和调整，床身内的传动分成两段，用联轴器连接传递。

模前挡料机构的动力来源于安装在竖轴上的挡料凸轮 1，它通过滚轮 2 和滚动轴 3 安装在齿条轴 5 的前端；齿条轴 5 通过自润滑轴承 6 和 14 安装在前后布置的轴承座 7 和 13 上；齿条轴 5 本身是细长的圆轴结构，在与轴承座相对活动处使用自润滑滑动轴承，具有结构简单、加工和装配方便的特点。为保证齿条的运动方向（限制转动），在齿条轴上铣削一个小平面用于导向，与定位座 8 之间用耐磨材料（如锡青铜等）制成的调整垫片 9 接触，修磨调整垫片 9 调整运动间隙，保证直线运动精度和齿轮齿条间的良好接触；为使滚轮 2 与挡料凸轮 1 之间紧密接触，在凸轮回程时用压缩弹簧 12 作为回复力，弹簧回复力的大小调节由齿条轴 5 上的弹簧力调节螺母 10 和 11 实现并锁紧。

齿条的运动传递给齿轮 16，齿轮 16 用平键 17 向转轴 22 传递动力，用轴端挡圈 15 在轴端定位；转轴 22 用深沟球轴承 20 安装在轴承套杯 19 上，用孔用弹性挡圈 21 在轴承套杯 19 上定位，轴承套杯 19 及其轴上组件安装在床身侧壁的孔内；齿轮齿条的啮合位置通过修磨隔圈 18 调整。

转轴 22 通过平键 24 和万向联轴器 23 将转动传递给转轴 25；转轴 25 和支承轴 30 安装在支承座 26 和 29 上，转轴 25 通过无内圈滚针轴承 28 与支承座 26 连接，并用孔用弹性挡圈 27 进行轴向定位；支撑座 26 和 29 安装在床身前端内壁、定模座下方位置。

摆杆 37 安装在转轴 25 上，用螺钉锁紧，传递来自转轴 25 的动力，可方便调节相对位置；摆杆 33 通过自润滑轴承 32 与支承轴 30 连接；在摆杆 33 和 37 的前端分别用销 34 和 36 连接挡料摇臂 35；支承座 29 上的转轴 22 和支承轴 30、摆杆 37 和 33、挡料摇臂 35，构成平行四边形杆系机构；挡料摇臂 35 上安装挡料杆 38，挡料杆 38 用来挡住镦锻的坯料；当转轴 25 转动时，挡料的平行四边形杆系机构平动，挡料杆沿上下—前后方向平动，与坯料之间可形成平面接触，保证挡料的质量；调整摆杆 37 相对于转轴 25 的转角关系，可获得挡杆与坯料之间合适的接触面积、接触力及相对坯料的位置。

第6章 成形系统

6

成形系统是材料冷镦变形需要的重要机械部分，生产的零件形态由成形模具来实现。它是由多对模具组成的一个完整、协调的机械系统，冷镦机的每个工位需要配备一对模具（动模和定模），多工位冷镦机上就要有多对模具合理配置构成一套模具。冷镦机加工每一种零件就要用与这个零件的冷镦变形过程相适应的一套模具，加工大小、长短和形状不同的零件，就要用不同的模具，加工的零件种类越多，配备的模具也越多。一般冷镦机的生产企业不提供模具，只提供模具安装和推出坯料的机构，模具由使用企业根据生产要求配备。

6.1 概述

冷镦零件的成形是在一套模具中一步一步地逐步变形完成的，以螺母的冷镦加工为例，一般螺母的冷镦工艺要经过切料、整形、镦球、压六方、冲孔等过程（见图6-1）。切料工序属于坯料整备阶段的工作内容，在坯料成形之前完成，所以镦锻成形过程就有整形、镦球、压六方和冲孔这四方面内容，针对不同加工要求，所用的冷镦机可以是三工位、四工位和五工位的设备。

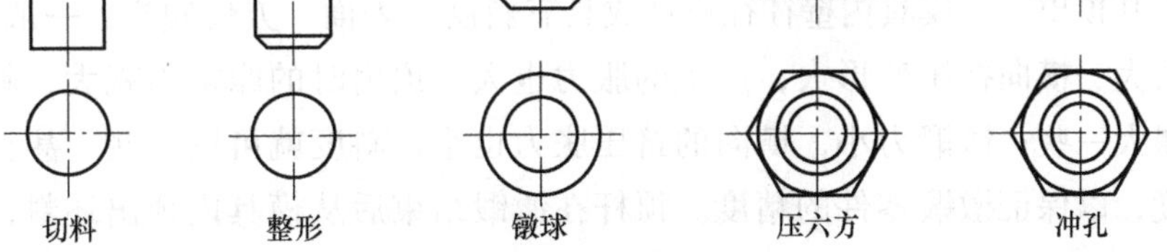

图6-1 螺母多工位冷镦过程图

螺母通常在四工位冷镦机上加工成形，有时较小的螺母则在三工位冷镦机上加工，可省去整形工序，但对于直径大于 M12 的螺母，若不经整形，螺母镦锻的表面形状和质量控制困难，在剪切时切口留下的剪切缺陷对后面的工序影响很大；对于加工质量要求高的螺母，采用五工位（压六方工序分为两个工位：预成形和精成形）自动冷镦机进行的生产加工工序分为整形、初镦、预成形、精成形和冲孔，还要应用带旋转功能的夹钳进行作业。

经过切断的坯料先进入第一工位。对于螺母机而言，剪切和夹钳运动都是由剪切凸轮提供动力，两个运动同步、连续进行，因此坯料在剪断后直接被送入第一工位；而螺栓机的剪切和夹钳运动是由两路动力分别驱动的，剪切后的坯料停留在剪断位置，由夹钳夹持送到第一工位的动模与定模之间，随动模（滑块）的向前运动进入模腔。第一工位对坯料两端的剪切面进行整形，使端面平整并形成能引导进入模具定位的倒角。在镦锻过程中，材料受到挤压而变形，在坯料与模具间产生胀力的作用下，坯料会停留在模腔内，在动模退回的同时，利用放置在模具内部顶杆的机械力作用，将坯料从型腔内顶出至模具的外边缘，供夹钳夹持并送到下一工位（将第一工位的坯料传递到第二工位，将第二工位的坯料传递到第三工位等），在动模与定模内按设定的变形工艺和模具的型腔形状进行连续成形。各工位的镦锻是同时进行的，都会经历镦锻变形、顶出坯料两个动作，然后被同步传递到下一工位。当坯料需要旋转 180°进一步成形时，采用旋转夹钳，在将坯料从上一工位传递到下一工位的过程中，同时将坯料旋转 180°并放入下一工位的动模、定模之间。

成形系统主要由两部分组成，一是模具，二是将镦锻变形的坯料从模具内取出的顶杆。由于模具分为动模与定模，所以成形系统又细分为动模组件、定模组件、动模顶出机构和定模顶出机构四部分。成形系统的组成如图 6-2 所示。

在冷镦过程中，坯料长度被压缩，横向尺寸变大，挤压模具的型腔，产生很大的胀力，在顶出坯料的过程中，要克服其胀力与模具内壁产生的摩擦力。为减小其顶出力，模具内壁往往设计成具有斜度的表面，方便脱模；一般来说，镦锻力大、横向挤压变形大，产生的胀力也大，顶出时的摩擦力就大，斜度也要做得大一些；镦锻力小，横向的挤压胀力也小，斜度就可以小些，甚至不设置斜度，以保证镦锻零件的精度。顶杆在镦锻结束后从模具内顶出坯料，使坯料脱离模具并送到模腔的外端面，便于夹钳夹持并传递到下一工位；而在坯料镦锻变形过程中，顶杆不应留在型腔内而影响和干涉成形。

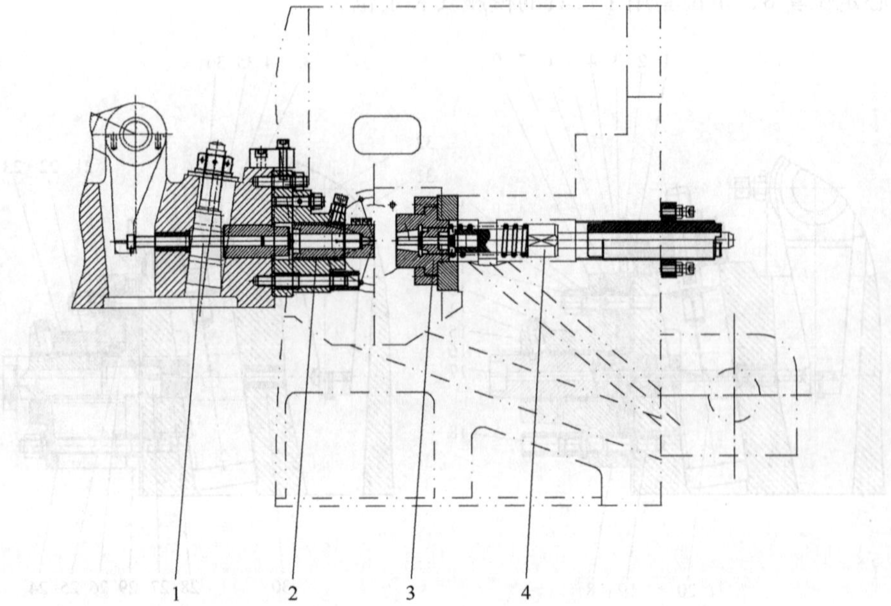

图 6-2 成形系统的组成

1—动模顶出机构 2—动模组件 3—定模组件 4—定模顶出机构

6.2 动模组件

每个工位都有一对独立的模具组件（有时简称模具），按工位的作业成形要求设计成合适的模芯结构。各工位的动模组件安装在滑块的前端面上，通常有两种安装方式，一种是直接用螺栓固定在滑块前端，另一种是通过一块安装调节板来安装。前者结构简单，但调整固定比较费时，常用于尺寸较小的冷镦机上，通常在螺母机上应用较多（不单独介绍）；后者在模具与滑块之间增加了一块调整安装板，即增加了一个调整环节，方便进行模具的安装和调整操作。

图 6-3 所示为常用的动模组件结构。上下调节固定板 1 固定在滑块的前端，在上方前端开有悬挂各工位模具的缺口；调节螺杆 2 由弹性圆柱销 5 连接到调整安装板 6（安装并调整模具的位置）上，通过调节螺杆 2 上下对称配置的两套调整螺母 3 和垫片 4，调整安装板 6 的上下位置可调，位置调整正确后锁紧上侧和下侧的调整螺母 3；调整安装板 6 上方的孔内装配左右定位套 7、下方的孔内配

中心定位套 8，定位套用于模具的模座安装定位。

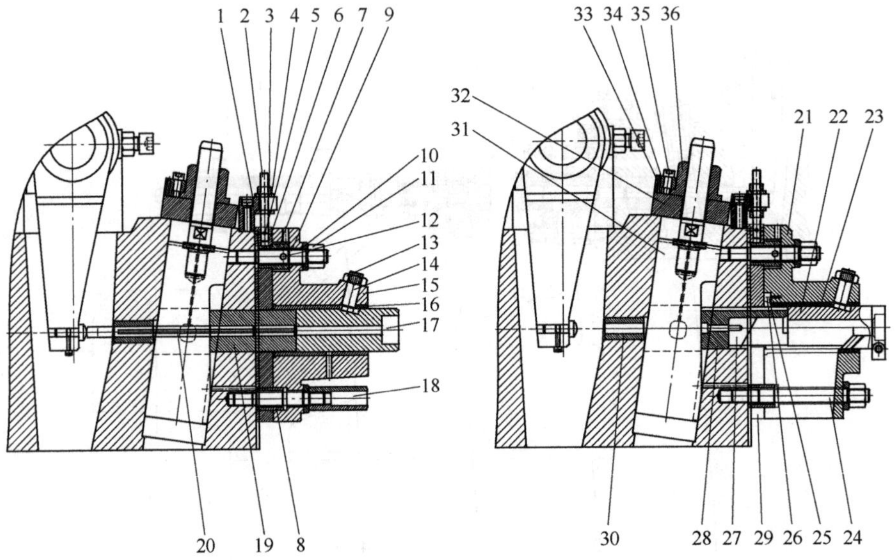

a) 冲模剖视图　　b) 切边模剖视图

图 6-3　动模组件结构

1—上下调节固定板　2—调节螺杆　3—调整螺母　4—垫片　5—弹性圆柱销　6—调整安装板　7—左右定位套　8—中心定位套　9—螺杆　10—垫圈　11、18—螺母　12—左右调节螺钉　13—锁紧螺母　14—模具固定螺钉　15—动模座　16—动模衬套　17—动模芯　19—顶杆套　20—动模顶杆　21—切边模座　22—切边模芯　23—切边模衬套　24—连接螺柱　25—导向键　26、35—螺钉　27—缓冲块　28—落料套　29—调节安装板　30—顶杆导滑套　31—调节柱　32—压盖　33—弹簧定位销　34—压块　36—调节螺母

滑块上的模具部分由动模座 15 通过上方的左右定位套 7 和下方的中心定位套 8 定位，分别用螺杆 9、垫圈 10 和螺母 11 穿过调整安装板 6 固定在滑块上；当留下的扳手空间较小时，用特制的螺母 18 固定动模座 15；动模座 15 的左右调整通过位于左右定位套 7 前方外侧的两个左右调节螺钉 12 的进退来实现。动模座 15 上设置的上下和左右调节环节可方便加工和装配，保证动模和定模的对正要求。

为减小摩擦和磨损，动模座 15 上通过动模衬套 16 安装动模芯 17（指整个由用户配制的模具部分，可能分成几个部分组合的情况），并用模具固定螺钉 14 在确定安装方向的模具斜面上固定，用锁紧螺母 13 锁紧，防止因镦锻过程中的强大冲击力产生松动。

镦锻时作用在模具上的冲击力通过模芯后方的顶杆套 19 传递到调节柱 31

上，调节柱可调节模具安装的前后位置，保证安装后动模与定模的端面间隙，并将镦锻力传递给滑块。顶杆套19支承顶杆并由动模顶杆20从中间孔内穿过而顶出坯料，但更重要的作用是作为顶出力的中间传递支承件。

调节柱31是由调节螺杆和调节楔块组成的构件，利用斜楔的自锁能力、可微量调整和承受强大作用力的特性，调整模具位置、消除间隙、传递冲击力。上方的压盖32固定在滑块上，旋动调节螺母36，使调节柱31的斜面与顶杆套19接触，调整动模芯17处于合适位置；再用压块34顶住调节螺母36的六角面、压在调节螺母36的法兰面上，防止螺母松动，压块34用弹簧定位销33和螺钉35固定在压盖32（压盖用螺钉固定在滑块上）上，自身不可松动。

若模具的成形功能不同，模芯和模套结构就会不一样，图6-3b所示为切边模剖视图。为了能让切边产生的切屑或切边后的零件通过，在模具下方制成空腔。切边模座21、切边模芯22和切边模衬套23的下方都为空腔，切边模座结构向两侧扩展，类似于普通模具位于中心下方的安装孔被移到外侧布置，用加长的连接螺杆24来固定；同样后方的垫块被挖空后，制成落料套28的形式。要求具有落料的方向性不得转动改变，在落料套28上方开槽，采用导向键25限制方向，导向键25用螺钉26固定在切边模座21上；出于落料的要求，在落料套28内设置缓冲块27。若连接位置发生改变，调节安装板29的结构也随之变化。

调节柱31主要应用其斜面和背面来调节模具的位置并承受由模具传来的载荷，在圆柱面上加工斜面，调节柱在滑块上的安装面是圆孔，且是封闭结构，加工方便，对滑块结构的破坏小，刚性也好；调节柱也可采用矩形结构制造，加工斜面定位可靠，加工方便，但调节柱配合的安装孔要制成方孔，加工难度大，加工成本高，如采用开放式结构加工方形调节柱安装孔，虽然加工方便了，但会影响到滑块的刚性，镦锻冲击力造成的变形增大。这两种结构的技术方案各有利弊，在实践中都有应用。

动模安装时的上下位置调节是通过调整螺杆2拉动调整安装板6上下移动来实现的；左右调节是利用模具的固定螺杆9与左右定位套7的左右间隙，由左右调节螺钉12推动动模座15相对于安装板左右移动来实现。若没有调整安装板6，则要在动模座上制成腰形槽来满足模具的对中调整要求，连接孔的设计和强度要求应得到保证，必要时必须增加滑块上螺孔位置的加工精度。动模的前后位置调节利用调节柱实现，调节柱31向上提升，则模具向前微调，调节柱31向下移动，则动模向动模座内缩回。

6.3 定模组件

冷镦机的定模组件是一个独立的结构，各工位的模具都先安装到作为安装基础件的定模体上，然后整体安装在床身的前端内侧。

螺栓机定模组件结构如图 6-4 所示。各工位镦锻成形的定模结构和组成基本相同。定模模芯 1 安装在定模体 2 上，上方用紧定螺钉 3 确定安装方向并固定定模模芯 1，下端用限位柱 11 限制在定模体 2 的定位平面上，用固定螺钉 12 固定；在定模模芯 1 内装有顶出镦锻坯料用的顶杆 4，在定模模芯 1 前方有引导顶杆的滑套 6 和承受镦锻载荷的中间套 7，中间套 7 由限位螺钉 5 限位；在定模体 2 与床身之间装有底板 8，通过底板 8 安装套筒 9，穿过床身前壁上的孔，延伸到床身外部；在套筒 9 上的中间孔安装过渡顶杆 10，将来自前端向后顶出的动力传递给顶杆 4。

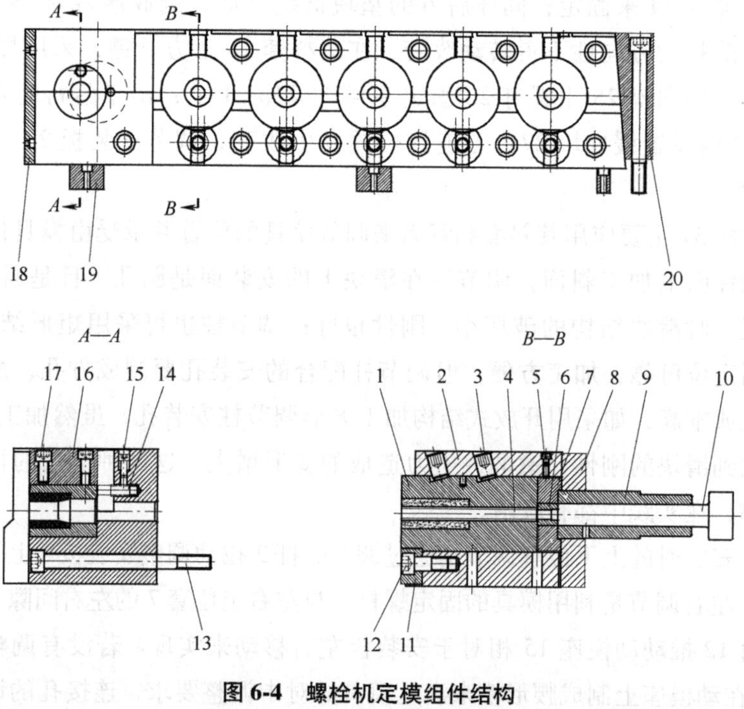

图 6-4 螺栓机定模组件结构

1—定模模芯 2—定模体 3—紧定螺钉 4—顶杆 5—限位螺钉 6—滑套 7—中间套 8—底板 9—套筒 10—过渡顶杆 11—限位柱 12—固定螺钉 13—定模体固定螺钉 14—专用螺钉 15—锁紧螺钉 16—夹紧块 17—剪切模锁紧螺钉 18—侧板 19—垫板 20—斜楔

在镦锻过程中，定模模芯1受到的镦锻力通过中间套7传递给底板8，再传递给床身，由床身来支承。镦锻的坯料被压入模具型腔成形，并推动顶杆4后移，当镦锻结束后，顶杆4处于最前方位置，此时，定模的顶出动力经过渡顶杆10推动顶杆4向后移动并顶出留在定模型腔内的坯料。

图6-4的左下图是剪切模的结构。该结构模芯采用径向夹紧固定方式。夹紧块16是一个半圆形压盖结构，与定模体2上的下半圆（下座）一起构成型腔，在夹紧块16两侧上方用剪切模锁紧螺钉17固定锁紧；其受力支承和位置调节均由专用螺钉14调节实现，并用锁紧螺钉15锁紧。

安装模具的定模体2通过前面的底板8过渡，安装在床身前端内壁；侧面由侧板18和斜楔20紧贴并挤压床身的左右内侧面安装，底面由垫板19调整安装高度。通过修配侧面的侧板18，调整左右位置，修配垫板19调整上下的高度位置，修配底板8可改变模具所在的前后位置；斜楔20用于楔紧定模体2，消除间隙并通过挤压固定在床身两侧，提高其整体刚性和受力性能。调整修配件是为了保证定模与动模的中心对中，并达到动模、定模在前后位置间的合理空隙。

螺母机的定模相对于螺栓机的定模要简单得多（见图6-5），定模体1直接

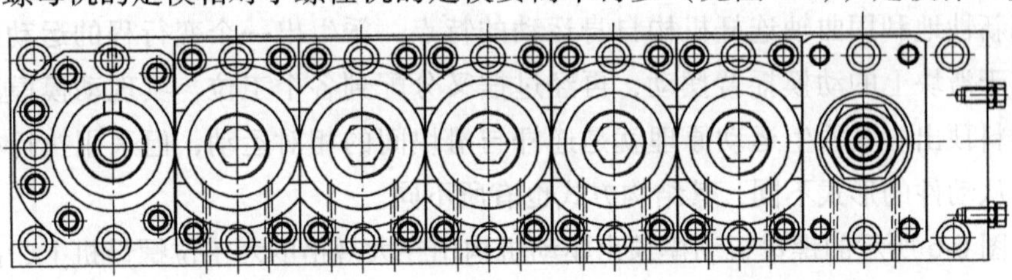

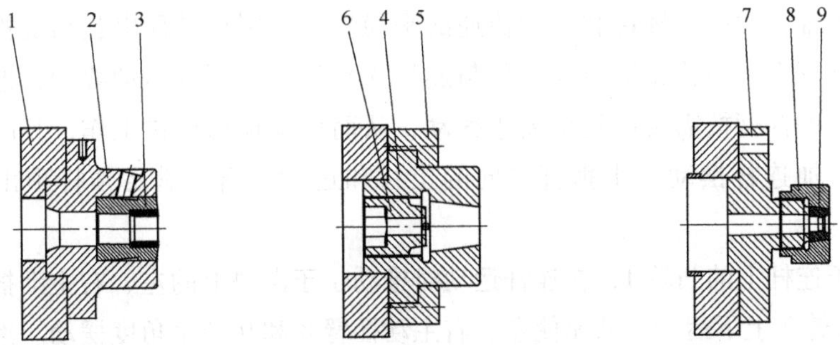

a) 剪刀模　　b) 中间模　　c) 冲孔模

图6-5　螺母机定模组件结构

1—定模体　2—剪切定模座　3—剪切刀模芯　4—定模座　5—压块

6—定模座公牙　7—冲孔模座　8—冲孔模壳　9—冲孔模模芯

安装在床身的前端面内侧，模具通过剪切定模座2直接安装在定模体1上；剪切刀模芯3安装在剪切定模座2内，用螺钉固定定位，直接由剪切定模座2承受剪切力，通过剪切定模座2安装到定模体1上；中间各工位的成形模芯安装在定模座4内，由定模座公牙6承受轴向力并传递给定模座4，定模座4通过压块5固定到定模体1上；冲孔模模芯9所受的轴向力直接由冲孔模座7承受，冲孔模壳8用于模芯的定位和安装。

各工位模具的镦锻力先传递给定模座，再由定模座传递给定模体，最终传递到床身。

6.4 动模顶出驱动机构

动模安装在曲轴滑块机构的滑块前端，滑块周而复始地做往复运动，外部将动力传递给滑块这种运动构件上，并在运动状态下完成给定的顶出动作，这是一件非常困难的事。因此，动模的顶出机构难以采用独立的外来动力源，因此创新性地利用曲轴连杆机构自身运动的特点，派生出一个变行程的运动来驱动位于滑块上的动模摇臂摆动，再经过摆叉分配到各个工位，实现动模模腔内的坯料顶出。其派生运动原理就是连杆与滑块间的相对运动，但采用执行机构主、从动件的形式不同，其结构方式也有所不同。

图6-6所示的螺母机动模顶出驱动机构用在大规格的六工位螺母机上，凸轮1作为主动件，安装在连杆上，作为从动件的滚轮2安装在滑块上。

大规格螺母机由于跨度大，前置的传动机构从凸轮到摇臂采用两套结构来驱动，保证受力的合理性和运动传递的平稳性。采用动模顶出驱动机构的凸轮安装在连杆上，凸轮轮廓曲线变化与连杆摆动运动的两种运动叠加，迫使安装在滑块上的摇臂按需要的运动要求摆动，从而推动顶出机构工作，其凸轮的轨迹曲线叠加连杆摆动产生垂直方向的位移和运动组合，满足顶杆顶出的行程要求。

位于连杆上的凸轮1，在连杆运动时推动位于滑块上的左、右主动摇臂8和9上的滚轮2上下运动，从而使左、右主动摇臂8和9产生角度摆动。滚轮2通过滚轮轴3和无内圈单列滚针轴承4在左、右主动摇臂8和9上安装，左、右凸轮与相应的左、右主动摇臂8和9上的滚轮2接触；摇臂通过凸轮弹簧杆销5连接凸轮弹簧杆7，套在凸轮弹簧杆7上的凸轮压缩弹簧6上方顶在与滑块固连的凸轮弹簧压盖27上，下方作用于摇臂，使摇臂上的滚轮2紧压在凸轮1表面。左、右主动摇臂8和9通过摇臂轴承11连接摇臂轴10，支承滑块上的轴承座，用主动摇臂座盖28固定并做轴向定位（摇臂轴10固定不转），两组摇臂使用各自的轴承座和支承。

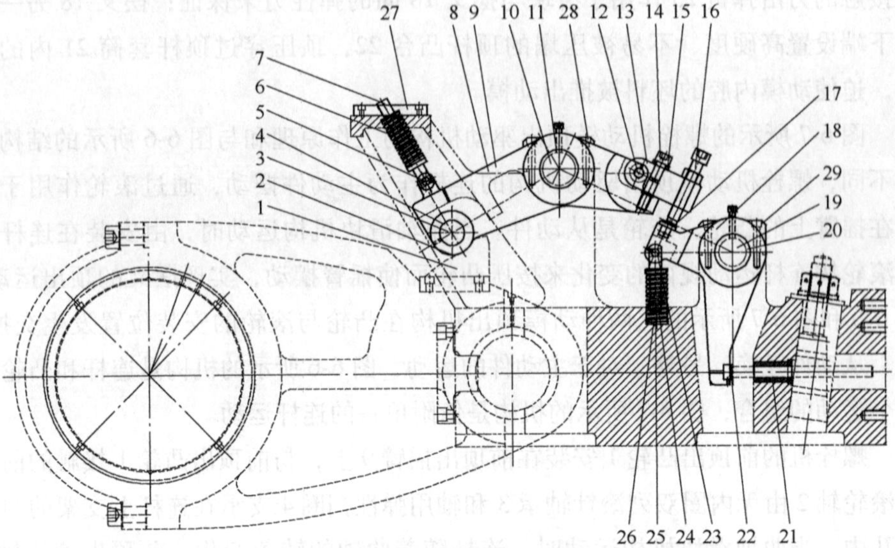

图6-6 螺母机动模顶出驱动机构

1—凸轮 2—滚轮 3—滚轮轴 4—无内圈单列滚针轴承 5—凸轮弹簧杆销 6—凸轮压缩弹簧 7—凸轮弹簧杆 8—左主动摇臂 9—右主动摇臂 10—摇臂轴 11—摇臂轴承 12—安全块销轴 13—安全块（敲击块） 14—安全螺钉 15—垫片 16—调节螺钉和锁紧螺母 17—凸台 18—摆叉 19—摆叉轴 20—摆叉轴承 21—顶杆套筒 22—顶杆凸台 23—支承弹簧杆销 24—支承弹簧杆 25—弹簧 26—垫块 27—凸轮弹簧压盖 28—主动摇臂座盖 29—摆叉座盖

在摇臂前端用安全块销轴12（可绕摇臂转动）连接的安全块13，用安全螺钉14和垫片15固定在摇臂上，在安全块13的前端用调节螺钉和锁紧螺母16，调整摆叉18的角度或位置，安全螺钉14的受力要比调节螺钉的受力大得多，对力的感应也比调节螺钉敏感，当顶出力异常时，安全螺钉14受力剧增，超过设定的极限作用力时会被拉断，起保护冷镦机运动机件的作用（安全块13在支承轴的作用下不脱离摇臂）。

通过调节螺钉将摇臂的力和运动传递给摆叉18，为减小摆叉接触点表面的接触变形和磨损，在接触点位置设置高强度和高硬度的凸台17，方便损坏后的更新和修复。每个工位都有自己的摆叉，摆叉通过摆叉轴承20安装在同一根摆叉轴19上，在两摆叉之间都设置一个支座，用以提高摆叉轴的支承刚度，从而减小摆叉轴的受力变形，提高运动精度；用摆叉座盖 29 压紧摆叉轴 19，并用紧定螺钉进行径向和轴向定位。

由支承弹簧杆销 23 连接摆叉 18 和支承弹簧杆 24，套在支承弹簧杆 24 上的弹簧 25 顶于放置于滑块上的孔内垫块 26，使摆叉 18 与摇臂上的调节螺钉 16 保持接触的力由弹簧 25 作用于滑块与摆叉 18 间的弹性力来保证；摆叉 18 另一端的下端设置高硬度、不易被压塌的顶杆凸台 22，顶压穿过顶杆套筒 21 内的顶杆，迫使动模内腔的坯料被推出动模。

图 6-7 所示的螺栓机动模顶出驱动机构的工作原理和与图 6-6 所示的结构略有不同，螺栓机动模顶出驱动机构的连杆作为主动件摆动，通过滚轮作用于安装在摇臂上的凸轮，凸轮是从动件。当曲轴滑块机构运动时，由安装在连杆上的滚轮按连杆运动规律的变化来按压凸轮而使摇臂摆动，实现摆叉的顶出运动。图 6-6 和图 6-7 所示的这两种动模顶出机构在凸轮与滚轮的安装位置发生交换，主、从动件互换。另外，对于主动件的运动，图 6-6 所示的机构是连杆和凸轮这两个运动的组合，图 6-7 所示的机构是依附单一的连杆运动。

螺栓机的前顶出凸轮 1 安装在前顶出摇臂 9 上，与前顶出凸轮 1 接触的前顶出滚轮轴 2 由无内圈双列滚针轴承 3 和轴用弹性挡圈 4 支承在连杆上支架的两轴承孔内。当曲轴滑块机构运动时，连杆随着曲轴的转角变化，前顶出滚轮轴 2 随连杆以相同的角速度运动，在相对于滑块运动的水平面上、下摆动，按压前顶出凸轮 1 上下运动（相对），而使前顶出摇臂 9 产生摆动。

为使前顶出凸轮 1 能够紧贴前顶出凸轮轴 2，在前顶出摇臂 9 与滑块之间设置弹性力恢复机构（由在摇臂上的压簧帽 5 和压簧座 6、压缩弹簧 7 和在滑块上的压簧垫 8 组成），利用弹簧的弹性力作用于摇臂上。

前顶出摇臂 9 上安装着各工位对应的摆叉 10。前顶出摇臂 9 和摆叉 10 共用同一根摇臂支轴 13，通过摇臂轴承 14 和轴承盖 15 安装到滑块的支座上。工作时前顶出摇臂 9 和摆叉 10 相对于摇臂支轴 13 是不动的，前顶出摇臂 9 由锁紧螺钉 11 和螺母 12 紧固在摇臂支轴 13 上，前顶出摇臂 9 的摆动转化为摇臂支轴 13 在轴承支承上的滑动。多工位冷镦机的跨度太大，摇臂支轴太长且在受力时易产生变形而影响正常作业行程，在各工位之间的相应位置上由支承垫块 16 和支承块 17 组成的中间支承进一步提高其刚性。

前顶出摇臂 9 与摆叉 10 连接在一起，以同样的角度摆动，而各工位坯料的顶出行程要求不同。由在前顶出摇臂 9 上方孔内的塞头 19、垫块一 20 和垫块二 21（其上用螺钉定位）组成摆叉与摇臂安装角度调节的支承，调整螺钉 22 与六角螺母23用于调节摆叉与摇臂之间的间隙（相对角度），各工位分别进行调节；这种相对角度调节，改变了摆叉摆动的起始角度，在同样的摆动角度下，摆动形成的推动顶杆的水平行程不同。调节到位后，用前顶出安全销24（安全螺栓）、圆锥形垫圈25、球形垫圈26和六角螺母27将摇臂与摆叉固定，圆锥形垫圈25和球形垫圈26是用于调节适应螺钉的支承面不平行状态时的连接。为防止前顶出安全销24拉断飞出发生次生事故，在安全销外侧设置安全销挡块18和28组成保护装置，阻止断销飞出；同时在设备附近设置标示“安全销在此”的明示牌。

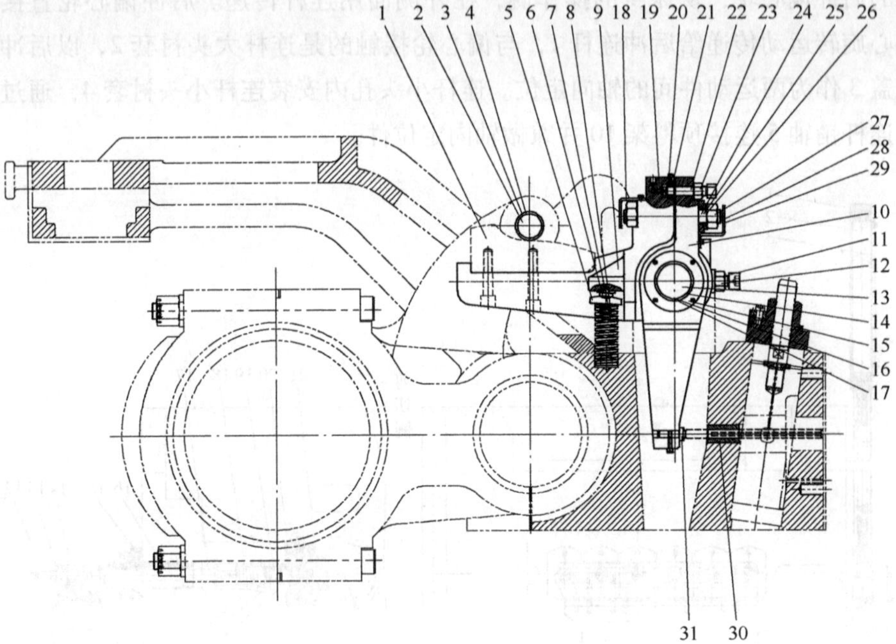

图6-7 螺栓机动模顶出驱动机构

1—前顶出凸轮 2—前顶出滚轮轴 3—无内圈双列滚针轴承 4—轴用弹性挡圈 5—压簧帽 6—压簧座 7—压缩弹簧 8—压簧垫 9—前顶出摇臂 10—摆叉 11—锁紧螺钉 12—螺母 13—摇臂支轴 14—摇臂轴承 15—轴承盖（固定座） 16—支承垫块 17—支承块 18—安全销挡块（内侧） 19—塞头 20—垫块一 21—垫块二 22—调整螺钉 23、27—六角螺母 24—前顶出安全销 25—圆锥形垫圈 26—球形垫圈 28—安全销挡块（外侧） 29—明示牌 30—前通出杆导滑套 31—凸台

摆叉10下端的凸台31的硬度和强度高，耐磨损和变形，用于向前顶压穿过前通出杆导滑套30内的顶杆，顶出在动模型腔内的坯料。

6.5 定模顶出驱动机构

定模的顶出驱动机构位于冷镦机的前端（方），其顶出动作是由冷镦机的前方向后方运动，顶出处于定模型腔内的坯料，在行业内通常称为后（向后方）冲部件或后通（捅）出部件。

图 6-8 所示为螺母机定模顶出驱动机构，顶出机构驱动的动力直接来自曲轴上的后冲偏心轮，从床身的操作侧，在外侧面用连杆传递。后冲偏心轮直接将偏心旋转运动传递给后冲连杆 1，与偏心轮接触的是连杆大头衬套 2，以后冲连杆盖 3 作为两运动件间的轴向定位。连杆小头孔内安装连杆小头衬套 4，通过后冲连杆销轴 5 连接顶料架 10 并兼做轴向定位件。

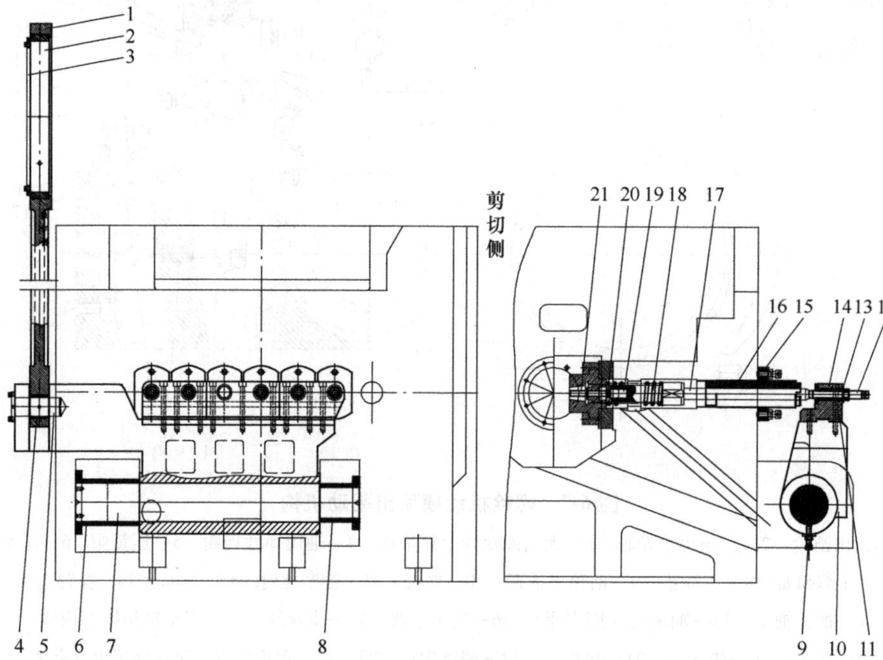

图 6-8 螺母机定模顶出驱动机构

1—后冲连杆 2—连杆大头衬套 3—后冲连杆盖 4—连杆小头衬套 5—后冲连杆销轴 6—后冲衬套（左） 7—长轴 8—后冲衬套（右） 9—长轴紧定螺钉 10—顶料架 11—顶料板 12—后冲顶杆 13—厚垫片 14—后冲顶杆套 15—后冲锁紧螺母 16—螺纹套筒 17—后冲主杆 18—后冲压缩弹簧 19—后冲棒垫块 20—后冲棒套头 21—后冲棒

顶料架 10 支承在长轴 7 上，而长轴 7 是通过左右后冲衬套 6 和 8 安装在床身上，长轴 7 在衬套内转动，而顶料架 10 与长轴 7 用长轴紧定螺钉 9 固定并轴向定位，而无相对运动。顶料板 11 安装在顶料架 10 的上方形成整体的顶料运动，两者分开虽然会增加零件数、加工和装配工作量，但好处是顶料架 10 可以通用，只需更换一下顶料板就可以在一定范围内的不同工位和不同直径的螺母机上形成借用或磨损后更换；后冲顶杆 12 通过后冲顶杆套 14、厚垫片 13 及螺母安装在顶料板 11 上，调节后冲顶杆 12 的伸出长度并用螺母锁紧。这部分结构组成了为顶杆提供力和行程的传动部分。

支承后冲主杆 17 的螺纹套筒 16 安装在床身上，螺纹套筒 16 用后冲锁紧螺母 15 固定和防松；后冲主杆 17 前部穿过螺纹套筒 16，后冲压缩弹簧 18 为主杆提供回复力，迫使后冲主杆 17 紧贴后冲顶杆 12，后冲压缩弹簧 18 的另一端顶压在后方模具的固定部位；后冲主杆 17 前端通过后冲棒垫块 19 和后冲棒套头 20 连接后冲棒 21。

这种后顶出机构的顶出行程大小取决于后冲顶杆的摆动行程，由顶料架的中心距和顶料架的转动角度确定。本结构各工位的顶料架转角和中心距相同，后顶出机构的顶出行程无法改变，后冲顶杆的调节作用有限，只能是少许调整后冲棒顶出坯料端部的位置，保证将坯料顶出模具；在螺母镦锻过程中，各工位坯料的轴向长度变化不大，故这种简单结构能够满足使用要求。

螺栓机的定模顶出传动机构要比螺母机的复杂，作为后顶出传动的连杆是由中轴组件上的偏心轮传递（见图 2-5 的 19），后通出连杆布置在床身内腔的滑块下方，带动后通凸轮座，并经后通摇臂顶压后顶杆，顶出处于定模中的坯料。该传动机构的后通出凸轮可根据生产要求更换，摇臂的主动臂长可以调节，改变与凸轮接触的工作区段，也在较大范围内改变后顶出坯料的行程。

图 6-9 所示为螺栓机定模顶出驱动机构。它由中轴组件驱动的后通出连杆（见图 2-5 的 19），用连杆轴 1 带动后通凸轮座 3 摆动，连杆轴挡块 2 用来对连杆轴 1 的轴向和周向定位，防止轴向窜动和相对转动；后通凸轮 4 通过压板 5 安装在后通凸轮座 3 上，冷镦机的前面几个工位往往是镦锻作业，采用的凸轮结构相同，最后工位是切边作业工位，作业要求不同，行程也不一样，所用凸轮要求的变化较大，需要有多段曲线的凸轮提供选择，采用单独设计的多曲线的切边凸轮 24，用键板 22 和垫圈 23 与后通凸轮座 3 相连，键板 22 选择与切边凸轮 24 上不同的键槽装配，就能选择得到不同要求的凸轮曲线。

与后通凸轮 4 接触的是滚轮 6，用滚轮轴 7 安装到滚轮座 10 上，用紧定螺钉对准轴上的凹孔进行轴向和周向定位，防止轴向移动和径向转动；滚轮座 10 用螺杆 12 和螺杆压板 13 安装到各工位的后通出摇臂 8 和切边摇臂 9 上（后通出摇臂与切边摇臂在细节上略有不同），转动螺杆 12 调节滚轮座 10，带动滚轮 6 上、下移动，改变滚轮 6 与凸轮的接触位置（目的是改变顶出行程和顶出力），改变与摇臂摆动中心的距离，从而改变顶出行程。滚轮位置调节完成后用固定块 11 将滚轮座 10 旋紧，使其紧压在后通出摇臂 8（或切边摇臂 9）上固定。

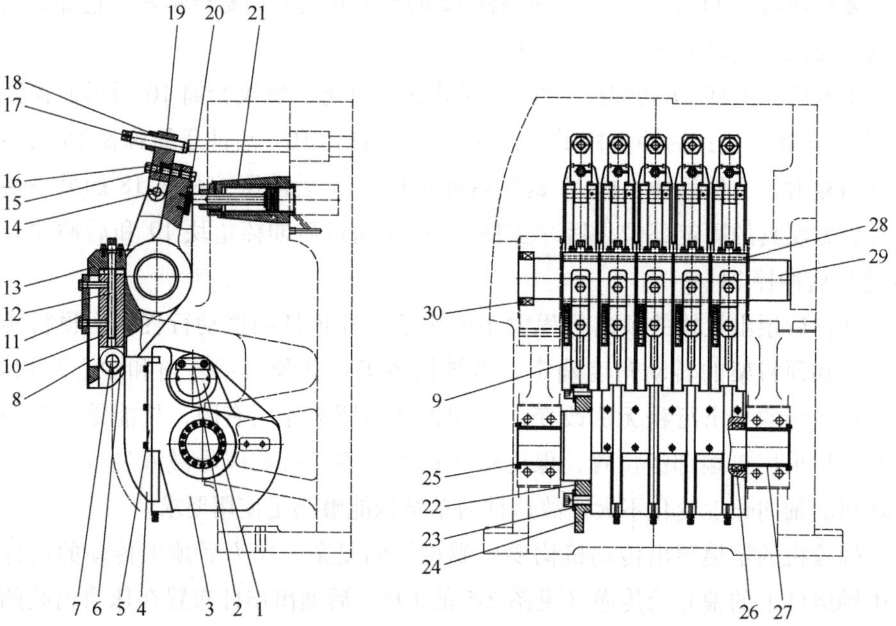

图 6-9　螺栓机定模顶出驱动机构

1—连杆轴　2—连杆轴挡块　3—后通凸轮座　4—后通凸轮　5—压板　6—滚轮　7—滚轮轴　8—后通出摇臂　9—切边摇臂　10—滚轮座　11—固定块　12—螺杆　13—螺杆压板　14—销轴　15—后通出安全销　16—后通出安全销螺母　17—顶杆　18—锁紧螺母　19—销座　20—接触块　21—气缸　22—键板　23—垫圈　24—切边凸轮　25—凸轮轴轴承（后通出导套下）　26、30—Z2 胀紧套　27—凸轮座支轴　28—后通出摇臂轴承　29—后通出摇臂轴

在摇臂上方的销座 19 用销轴 14 与摇臂铰接（摇臂上轴向定位），并用后通出安全销 15 和后通出安全销螺母 16 固定在摇臂上，后通出安全销 15 的作用是保护机器的安全，当遇到故障、顶出力急剧增大时，后通出安全销 15 被拉断而不再产生接触。安全销的工作原理是在螺栓上设置截面积比螺纹公称直径小、满足安全保护载荷要求的几条沟槽，当载荷增大时在沟槽处被拉断，起到保护机器的作用。同时，为防止后通出安全销 15 超载拉断后突然飞出产生的次生事

故，一般会在后通出安全销的两端设置防护罩阻止其飞出。

在销座19上方的螺纹孔内装顶杆17和锁紧螺母18，调整模具顶杆的顶出行程；气缸21产生的作用力使摇臂与凸轮始终保持接触（回程）。气缸21始终顶在安装在摇臂上的接触块20（保护摇臂，防止摇臂长期受顶压损坏，而接触块损坏时更换方便，成本低）；顶杆17顶压位于定模体内的后顶出顶杆作业，顶出位于型腔内的坯料。

后通凸轮座3由Z2胀紧套26固定在凸轮座支轴27上，后通凸轮座3相对于凸轮座支轴27不动，而凸轮座支轴27经凸轮轴轴承25安装到床身前端的轴承座上。各摇臂用后通出摇臂轴承28与后通出摇臂轴29配合而产生运动，后通出摇臂轴29则用Z2胀紧套30固定在床身前方的轴承座上。

冷镦机的气缸21通常根据冷镦机上布置位置的空间大小情况进行设计，往往采用非标准结构气缸，主要作用是利用气体产生的力保持后顶出部分良好接触。气缸21的主要组成与普通气缸相同，由气缸座、O形圈、气缸套、活塞、导向带、U形密封圈等组成，在原理上是一种被动作用的气缸，相当于弹簧的作用，在摇臂上施加恒定的回复力。

第7章 润滑和冷却系统

7

润滑系统是通过润滑油泵将润滑油送到冷镦设备相对运动的摩擦面上，形成一层保护性油膜，实现液体摩擦，减少金属表面之间的直接接触，从而减少摩擦和磨损；同时，润滑油还可以吸收摩擦产生的热量，在机械设备运行时起到冷却作用，防止机械设备过热而损坏；摩擦表面的金属微粒等机械杂质，随着油的流动和循环将杂质带走并冲洗干净，达到润滑良好、减轻摩擦、降低磨损和减少易损件的损耗、减少功率消耗、延长设备使用寿命的目的。

7.1 概述

7.1.1 润滑和冷却的作用

冷镦机的润滑即在两个具有相对运动的接触表面间注入润滑油或润滑脂，形成一层油膜，避免两相对运动件的表面直接接触，降低摩擦系数，减小摩擦和磨损；形成的油膜阻挡空气或其他氧化物对金属构件的接触和腐蚀，起着防锈的作用；压力润滑在润滑油的流动中带走相对运动表面间摩擦产生的热量和相对运动中的摩擦产生的微粒，起着冷却和清洗作用。对于润滑脂润滑，由于润滑脂比较黏稠，能有效防止内部润滑剂的流出，并防止外部尘埃和微粒进入摩擦面，同时起密封作用。

冷镦机冷却系统的作用是在材料镦锻变形的过程中，将材料自身和模具产生的热能带走，降低成形系统的温度，控制各部分的热变形，保证加工的精度和质量；同时，冷却液的冲刷和流动对成形表面具有润滑和清洗作用。

7.1.2 润滑和冷却的类型

由于冷镦机各运动表面所处的位置和工作要求不同，对润滑的要求也不同，需要对不同的传动件采用不同的润滑方式。按润滑介质的种类划分，冷镦机采用润滑油和润滑脂润滑两种形式，在冷镦机的护罩之内、底盘之上的区域，能够循环回收润滑油，通常采用润滑油润滑；对于在此之外的区域，润滑油无法回收，会造成环境污染和资源浪费，一般在需要润滑的地方采用油脂润滑。

按润滑的工作方式，冷镦机上的油润滑采用集中润滑方式，使用一个统一的润滑系统对相对运动表面的各个润滑点进行润滑，这个润滑系统一般采用强制压力润滑，这是由润滑油泵使润滑油产生压力，将润滑油输送到各个润滑点上，对冷镦机上导轨的承载面和导向面、齿轮的啮合部位、轴承上接触位置及凸轮表面等进行良好的适当润滑。

冷镦机对模具和镦锻坯料的冷却与润滑基本相同，采用与润滑系统相同的介质（在加工对象有特殊要求的情况下，采用不同的介质）作为冷却液，同样是用压力冷却方式，单独设立压力泵或共用润滑油泵（压力调低），将冷却液输送到冷镦机的各个工位上，大流量地喷淋到动、静模具之间，对各工位的模具、坯料进行冷却，降低其温度并清洗留在模具间的切屑和杂质。

通常情况下，冷却系统所用压力泵与润滑油泵相同，不再单独介绍冷却系统。

7.1.3　润滑油

润滑油的类型很多，不同的设备、结构都有专用的润滑油可供选择，冷镦机上通常选用液压油类的润滑油，主要有以下两大类，针对不同环境条件，选择不同的油品牌号，这两类润滑油的主要性能特征如下。

（1）普通液压油：精制的石油润滑油添加抗氧化、防锈和抗泡沫等添加剂制成，主要用于环境温度 0℃以上的各种精度机床的液压及液压导轨系统。

（2）液压导轨油：性能同普通液压油，但它有良好的防爬行性，不适合低温工作，多用于精密机床的液压及导轨润滑。

用于润滑时，机械油可作为液压油的代用品，主要用于低负载机械部件的润滑，适用于环境温度为 0~40℃、工作压力低于 7MPa 的液压系统。

7.1.4　润滑系统的组成

冷镦机的润滑系统主要包括以下部分。

（1）底盘：冷镦机的底盘作为冷镦机的基础件，上方用于安装冷镦机的主体部分，方便冷镦机在现场的安装。底盘整体刚性好、面积大，可利用其内部的空腔储存润滑油，经润滑和冷却后的润滑油在重力的作用下自动回流到底盘上面，通过收集、利用和引导注入底盘内腔，形成循环冷却；底盘可以分区对回收的油品进行沉淀和过滤处理，保证油品的清洁；同时，底盘形成的表面积可以对回收的高温润滑油进行冷却，保证油品的润滑性能。

（2）润滑油泵：润滑油泵是保证压力润滑建立足够油压的装置。常用的润滑油泵为齿轮泵。

（3）过滤器：防止混杂在润滑油中的金属磨屑、切屑、其他机械杂质和润滑油本身生成的胶质进入润滑系统的装置，对润滑中的油品进行连续、长期的清洁。

（4）分配器：分配器是将来自润滑油泵供油系统的一个油路分成多个支路并分配到多个润滑点，提高系统的润滑效率和使用寿命，简化润滑系统的油路结构和优化组合分布的润滑要求。分配器是一种用于多点润滑系统的装置。

（5）其他：液压油压力表、油温表和油位标尺是供使用者掌握润滑系统工作情况的指示仪表。液压油管、液压管接头等是将润滑油引导、输送到润滑点的润滑系统的基础元器件。

7.2 冷镦机的润滑部位

冷镦机要求的润滑点数量较多，分布在冷镦机的各个部件和各个机构的相对运动表面，在各个机构的具体润滑点分布如下。

（1）曲轴滑块机构：曲轴两端的主轴颈、中间的连杆轴颈和连杆小头连接滑块的轴颈；主副导轨的下承压表面和上压板表面；滑块与床身的侧导向面。

（2）主传动系统：主减速齿轮副啮合表面、正时齿轮副表面、剪切连杆轴承；中间传动轴轴承座、侧传动轴轴承座、竖传动轴轴承座；送料连杆轴承、后通连杆轴承、锥齿轮副表面、机械手传送双凸轮表面、摇臂轴、滚轮轴、挡料凸轮表面、齿轮齿条啮合表面、转轴轴承位置、挡料杆销轴等。

（3）坯料整备系统：剪切杆、推杆轴与轴承、推杆与衬套、剪切滑块与滑座和导杆轴、送料连杆轴承、送料摇臂轴承和齿轮、棘轮棘爪、送料台及上座的齿轮和轴承；校直机构的辊轮、齿轮、轴承等。

（4）夹钳传送系统：摇臂和横移轴、轴承座、支座、锥齿轮、固定扇齿轮和动扇齿轮、链轮、摇臂衬套、拨叉、拨叉轴、滑套、旋转座、关节轴承、拉杆、拉杆轴承、长短销轴等。

（5）成形系统：前/后顶出机构的顶杆、套筒、摆叉、摇臂、凸轮、滚轮、凸轮轴轴承等；润滑和冷却的模具和坯料等。

综上所述，冷镦机的传动部分、相互接触的活动部分要求的润滑点比较多，分布范围比较宽，并且多工位的各个工位上的点都要进行润滑，按点数计算的润滑点更多。

金属坯料在镦锻过程中的变形能会转化并产生较大的热能，需要对其进行冷却处理，降低温度，减小模具等的热变形，使镦锻作业在相对稳定的温度条件下进行。模具和坯料是由钢铁材料制作，为防止生锈，采用的冷却介质与润滑介质一样，均为相同的油液。

7.3　润滑系统的主要部件

7.3.1　润滑油泵

润滑油泵是压力润滑的核心部件。润滑油泵的作用是将一定体积的润滑油建立起所需要的液体压力并输送到润滑点，保证润滑油在润滑系统内连续不断地供给到各运动表面。

一般来说，润滑油压力能够满足转动或往复运动机械的润滑需求即可，通常所用的润滑系统的工作压力为 0.3~0.6MPa，属于低压范围（若有顶轴要求，油压需要到 8~12MPa）；润滑油泵的额定压力要考虑润滑油的特性、润滑点数量和润滑点距离造成的管路损失等因素，要适当选择高一些，在冷镦机上选用的润滑油泵的额定压力以 1MPa 左右为宜，同时在应用中可调低输出的润滑油压力。因此，选择低压的润滑油泵可满足润滑的要求。

从润滑和减小系统磨损、提高使用寿命的角度考虑，要求润滑油的清洁度越高，对润滑系统的使用越有利，因此，在润滑油泵的入口处往往有过滤器预先进行过滤，提高其清洁度。但是当油液使用时间较长、油液中的杂质较多时，过滤器容易堵塞，造成供油不畅，直接影响润滑质量，严重时产生的干摩擦会损伤整个设备，比使用清洁度低的油液造成的后果更加严重。

从设备使用安全的角度考虑，润滑油的供给在设备使用过程中不能中断，不能使润滑油泵因前面的滤网堵塞而缺油，因此，液压油泵前端过滤要求不能太高，液压油泵对油液的污染不能太敏感，对外部温度环境也不应敏感，要求工作可靠。

齿轮泵对润滑系统的油液不敏感，是润滑油泵的理想选择，润滑系统常用齿轮泵的结构型式有外啮合齿轮泵和内啮合摆线齿轮泵（又称转子泵）。

1. 外啮合齿轮泵

图 7-1 所示为外啮合齿轮泵的外形结构和工作原理。外啮合齿轮泵由泵体和泵盖、内部两个外啮合的齿轮、支承齿轮的轴及其轴承和密封件等组成。泵体内装的这对互相啮合的齿轮，齿数相同、宽度和泵体接近。齿轮泵适合输送各种润滑液体，具有结构简单、制造方便、工作可靠、效率高等优点。

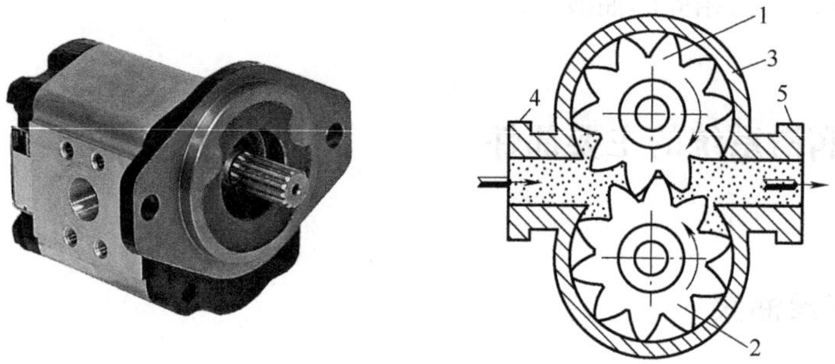

a) 齿轮泵外形　　b) 齿轮泵的工作原理

图 7-1　外啮合齿轮泵

1—主动齿轮　2—从动齿轮　3—泵体　4—吸油口　5—排油口

齿轮泵的主动齿轮 1 和从动齿轮 2 与泵体 3 之间的间隙很小，当泵的主动齿轮 1 按图 7-1b 所示的箭头方向旋转时，与从动齿轮 2 啮合并带动其旋转。当齿轮泵左侧（吸油腔）齿轮脱开啮合时，齿轮的轮齿退出啮合，齿间变化使密封容积增大，形成局部真空，油箱中的油液在外界大气压的作用下，经吸油管路、吸油口 4 进入齿间。随着齿轮的旋转，吸入齿间的油液被带到另一侧，进入压油腔。这时轮齿进入啮合，使密封容积逐渐减小，两齿轮齿间部分的油液被挤出，油压升高，形成了齿轮泵的压油过程，油液经排油口 5 送出并进入润滑油管。

2. 内啮合摆线齿轮泵（转子泵）

内啮合摆线齿轮泵（见图 7-2）是一种特殊齿形的内啮合齿轮泵，外转子齿形是圆弧，内转子齿形为短幅外摆线的等距线，又称为转子泵。它是由配流盘（前、后盖）、外转子（从动轮）和偏心安置在泵体内的内转子（主动轮）等组成。它具有结构简单、尺寸紧凑、噪声小、运转平稳、转速性能良好等优点；其缺点是流量脉动大，加工精度要求高。

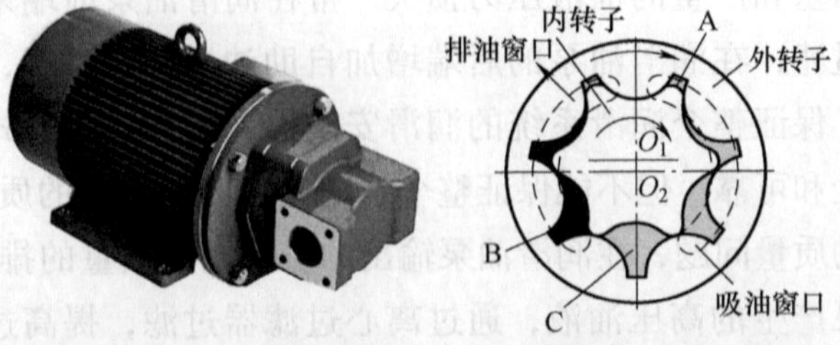

a) 摆线齿轮泵与电动机组成整体　　b) 摆线齿轮泵工作原理

图 7-2　内啮合摆线齿轮泵

内啮合摆线齿轮泵由外转子与内转子两个核心部分组成。内、外转子之间有一定的偏心距，且外转子总是比内转子多一个齿，常用内转子的齿数为偶数（4 齿、6 齿等）。内啮合摆线齿轮泵的排量取决于内转子的齿数、齿形、齿宽及内外转子的偏心距。齿数越多，齿形、齿宽及偏心距越大，内啮合摆线齿轮泵的排量就越大。

内啮合摆线齿轮泵的内转子连接主轴，当泵在工作时，由内转子带动外转子旋转，当内外转子围绕各自的轴线旋转时，液体被吸入封闭容腔 A 中，封闭容腔不断增大，达到最大（封闭容腔 C）后继续旋转，封闭容腔被压缩，体积变小，迫使液体产生压力，并从受压腔室（封闭容腔 B）中排出。

内啮合摆线齿轮泵每个齿都完成一次这样的循环过程，内转子有 Z 个齿，内转子每旋转一周将产生 Z 个相同的工作循环，从而达到源源不断地输送油液的作用。

7.3.2　过滤器

润滑油过滤器的作用主要是过滤润滑油中绝大部分杂质和污染物，保证润滑油的清洁度和质量，延长设备的正常使用寿命，提高设备的可靠性和稳定性。

从润滑和设备的角度考虑，润滑油过滤得越清洁越好，也就是要求过滤精度高。在使用过程中，磨屑等杂质和污染物在过滤器表面的积聚会越来越多，轻则使流过过滤器的流量减小，重则堵塞过滤器，使润滑失效，反而影响使用安全。润滑油的流量与过滤精度两者相互矛盾。

润滑安全是首先需要保证的最基本条件，润滑系统要把润滑油中的明显杂质过滤掉，又能为设备提供基本的保护。这就要求对润滑系统在提供过滤的同时，保持足够的流量和流速（压力），保证油流畅通。因此，冷镦机的润滑系统主油路的过滤精度一般不能太高（孔径通常在 25μm 以上），并且通过分级过滤，减小油路堵塞和严重的油液压力损失，常在润滑油泵前端采用过滤精度低的前置过滤器过滤，在润滑油泵的后端增加自助油过滤器过滤，进一步提高润滑油的清洁度，保证整个润滑系统的润滑安全性。这种布置方式虽然可以保证润滑系统的安全和可靠，但不能保证整个系统循环的润滑油的质量要求，在此，作为弥补过滤的质量问题，在润滑油泵输出的多余高压油量的排放处构建旁路，或采用单独油泵产生的高压油液，通过离心过滤器过滤，提高过滤精度，将过滤后的油液送入润滑油泵所在的工作室，保证输入油液总体的清洁度。

1. 前置过滤器

前置过滤器安装在润滑油泵的吸口端，用吸油管连接到润滑油泵，自身放置到油面下。前置过滤器往往采用滤网或滤芯结构（见图 7-3），防止粒度大的杂质进入润滑油泵内，过滤能力差，对润滑油泵的油液压力损失影响小，整体结构简单、润滑可靠，可以避免滤芯堵塞造成润滑油泵无法吸入润滑油的情况发生，保证润滑油泵能够连续不间断地泵油润滑。

图 7-3　前置过滤器

2. 自助油过滤器

自助油过滤器安装在润滑油泵的出口处，进一步过滤由润滑油泵输出的润滑油的杂质颗粒，提高油品质量。图 7-4 所示为自助油过滤器，来自润滑油泵的润滑油从左边油口进入内部的圆形滤芯外部，过滤后进入内腔并从右边的油口流出。自助油过滤器采用的是机械过滤，过滤器的圆形滤芯是由细密的网孔组成的多层过滤网，能够有效地过滤润滑油中的固体颗粒和杂质。当润滑油通过过滤网时，固体颗粒会被阻挡在过滤网外表面，转动自助油过滤器上面的十字架形的手柄，内部的刮片将表面的颗粒和杂质刮落，拧下过滤器底端的螺钉，可放出被刮下的杂质，连续转动手柄 2~3 次，将过滤器表面的杂质排出后，再旋紧螺钉。

为保证润滑油的清洁度，自助油过滤器应定时（工作 24~72h）清洁过滤网；在润滑油的油压下降到 0.25MPa 时必须及时清洗干净，确保润滑油的连续供应，防止进一步恶化，造成因润滑系统故障而产生的事故。

前置过滤器和自助油过滤器是串联在润滑油路的主油路中，对设备所需的全部润滑油分两步进行过滤，过滤精度不是很高，能满足设备的用油要求。对冷镦机而言，会有坯料上的灰尘、铁锈和磨屑、切屑等被润滑和冷却系统清洗并进入润滑油箱中，仅靠润滑油泵前后的过滤器远不能达到润滑和长期连续润滑的要求，需要经沉淀处理对整个循环润滑的油体进行过滤处理，另外配置一条与润滑油路并联的油液过滤处理方式，将处理后的润滑油送入润滑油泵的吸油室内，供润滑油泵使用。润滑油的两套过滤路线如图 7-5 所示。

图 7-4 自助油过滤器

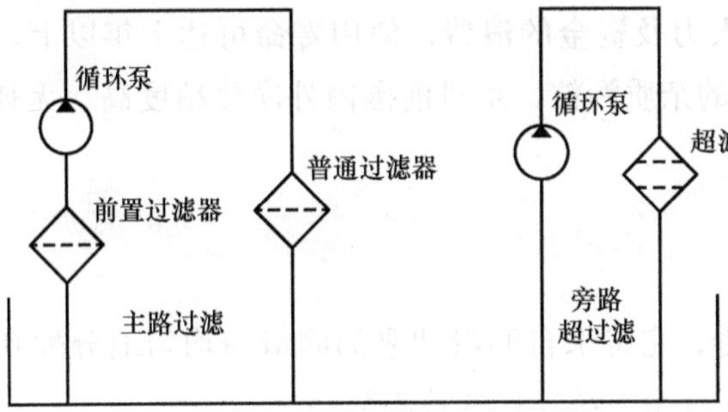

图 7-5 润滑油的两套过滤路线

3. 离心过滤器

离心过滤器（见图 7-6）用于在油箱中润滑油回收收集室与油泵的吸油室之间构建旁路循环过滤系统，将回收的油液进行过滤并送入油泵的吸油室供循环润滑使用。离心过滤通过连续循环过滤提高油品的清洁度，是润滑系统高质量过滤的主要途径。

离心过滤器主要由头罩、转子（旋转体）和底座三个部分组成。转子是离心过滤器的核心部件，通过将油液自身的压力和流速转化为转子的驱动力，驱动转子高速旋转，利用旋转过程中产生的离心力将油液中的杂质分离出来。

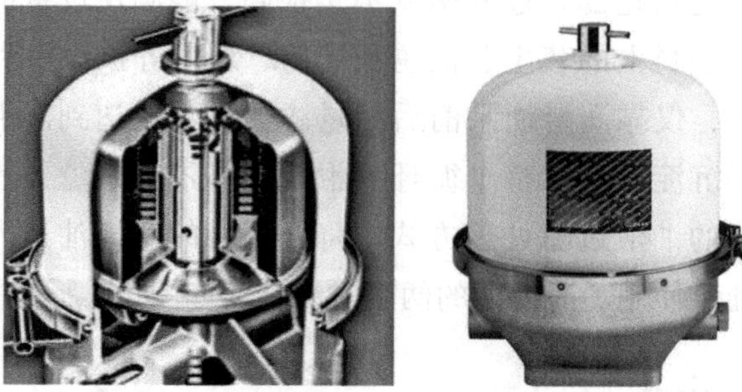

图 7-6　离心过滤器

离心过滤器可以由独立的一个液压泵产生的压力油来驱动，也可利用润滑油泵供给润滑系统润滑后的多余压力油构建的分支油路来驱动。带有压力的润滑油进入离心过滤器转子内，并由转子底部的喷嘴高速喷出，形成反作用力推动转子高速转动，利用离心力的作用将密度大于润滑油的杂质从其中分离出来而沉降到转子壁上，最终达到过滤杂质、清洁润滑油的目的。分离出来的杂质附着在转子内的杂质收集盖内，只需定期清洗即可。

离心过滤器构造简单，清理时间短，维护和修理方便，使用寿命长，没有滤网，可大大减少人力及资金的浪费，使用寿命可达十年以上。离心过滤器能有效去除小于 1μm 的杂质颗粒，是目前国内外净化精度高、无耗材的过滤产品之一。

7.3.3　分配器

分配器又称油排，它将来自润滑油泵的润滑油均匀地分配到系统中需要润滑的各个润滑点，是润滑系统连接的核心部件。

冷镦机上需要润滑的部位多，所以润滑点很多，各点需要的润滑油量也各不一样，润滑点与润滑油泵的距离不同而带来的管路压力损失也有区别，会导致润滑点的供油量发生变化。冷镦机的润滑油泵通过主管路将润滑油输送到机器的润滑部位附近，然后通过分管路输送到润滑点附近的分配器。分配器是应用在润滑系统末端的部件，分配器将来自分管路的润滑油再分为多个分支，每个分支上有一条管道连接到设备的润滑点，最终来自分管路的润滑油经分配器输出至每个润滑点。

分配器有多种形式，冷镦机常用的有阻尼式分配器和可调节流式分配器（见图 7-7），可达到配油润滑要求。阻尼式分配器（见图 7-7a）的原理是在管路上设置增加阻尼作用的小通道，对流量进行比例分配（又称为比例式分配器），它受分配器前后端润滑剂的压力影响较大，但使用灵活，润滑点可多可少，当某一点发生阻塞故障时，不影响其他润滑点的使用，是一种简单、经济的分配器，应用十分广泛。可调节流式分配器（见图 7-7b）通过分配器输出通道后方的螺钉调整供油量，并使同类润滑点的供油量均匀一致，也是一种结构紧凑、动作灵敏、操作维护方便、经济实用的分配器。

a) 阻尼式分配器

b) 可调节流式分配器

图 7-7　分配器

第8章

气动系统

8

气压传动是以压缩空气为工作介质进行能量传递和信号传递的技术，具有节能、无污染、高效、低成本、安全可靠、结构简单的优点。冷镦机利用气源的接通和断开，实现离合器/制动器的接合、分离和制动，控制冷镦机的运动，实现点动、单行程和连续运动，用于双作用气缸对送料机构进行压紧送料和松开装料，为夹子台夹送料要求进行控制；用于单作用气缸，为夹子台摆叉和顶出机构提供足够的支持力，保证正常良好接触；与气动压力开关配合，应用于安全销结构，当安全销被拉断时，提供状态信息，使冷镦机及时停止运行，保证设备安全。

一个完整的气动系统组成如图 8-1 所示，它主要是由两大部分组成：一是气源系统（又称空压站），二是用气设备。通常气动系统的环境和介质温度为 5～70℃，工作压力为 0.4～0.7MPa，气缸速度为 50～500mm/s。

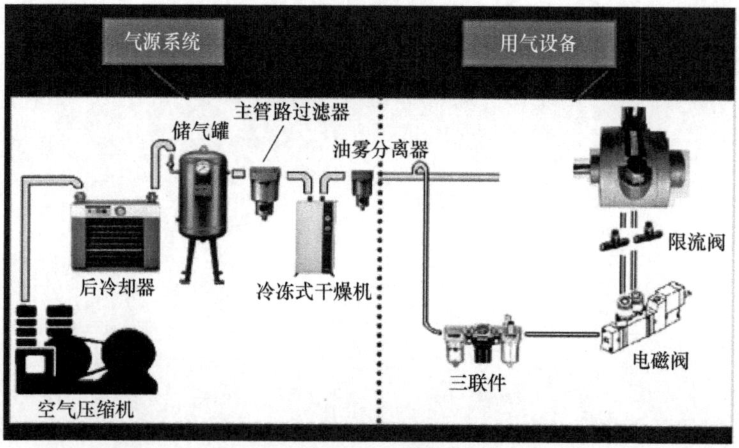

图 8-1　气动系统组成

8.1　气源系统

气源系统是为整个气动系统提供需要的气源，它由空气压缩机、后冷却器、储气罐、气源净化设备和冷冻式干燥机等部分组成。

8.1.1　空气压缩机

空气压缩机一般由电动机带动，将大气压力下的空气压缩，将机械能转变为气压能，并以较高的压力输出给气动系统。

气源系统常用的空气压缩机是活塞式、旋转叶片式和螺杆式空气压缩机，其工作原理是将定量的空气吸入空气压缩机的进气腔，然后逐步压缩并减少空气占用空间的体积，提升压力并将经压缩的压力气体储存在储气罐内。

空气压缩机由压力开关控制自动起停，它是将储气罐内的空气压力转变为控制电动机的电信号。压力开关被设置一个最高压力（接近 1MPa），达到这个压力就使电动机停止；也被设置一个最低压力（高于执行机构用气的最高压力），若储气罐内压力低于这个压力就重新激活电动机起动，保证用气系统所需要的压力和流量。

8.1.2　后冷却器

后冷却器的作用是降低被压缩空气的温度。

空气压缩机在压缩气体过程中，气体因被压缩而发热，温度升高，夹杂在空气中的水分、油滴也因温度升高而汽化成水雾和油雾。由空气压缩机排出的气体温度高达 120~150℃，气体体积增大，自然冷却后体积缩小而压力随之下降，不利于气动系统的正常工作。因此，需要将压缩后的空气温度降到接近环境温度（40~50℃），使其中的水汽、油气与尘埃结合并凝结成水滴和油滴，以便后续处理。

后冷却器一般采用水冷换热装置，其结构型式有列管式、散热片式、管套式、蛇管式和板式等。其中，蛇管式后冷却器最常用，蛇管可增加与外部接触的冷却面积和经历的路径长度，高温的压缩空气在经历的路径中逐步被外部的水冷却后送入后面的储气罐，形成粗大的水滴、油滴沉积在储气罐底部的沉淀杯中，沉淀杯可随时方便地取下清理。

8.1.3 储气罐

储气罐是气源系统的主要配套设备，通常安装在室外，空气进入空气压缩机增压并冷却后被送入储气罐，然后再由储气罐经管路输送到各个用气地点。储气罐在气源系统中的主要作用是保证供气量和供气压力稳定。

压缩空气储存在储气罐中，调节气动设备因用气量不平衡而造成的气压波动、增加用气设备的压力稳定性，或者储备一部分压缩空气，当空气压缩机发生故障时，使用户用此部分压缩空气对气动设备或气动控制系统进行紧急处理。

储气罐的尺寸大小由空气压缩机的容量和用气量的要求来决定，储气罐的容积越大，空气压缩机的运行时间间隔就越长，供气压力也会更加稳定。

储气罐顶部有压力表接口、出气口、安全阀接口，底部设有排水装置，储气罐腔内设有脱水器。储气罐安全阀的主要作用是，当空气压缩机出现故障而不能根据设置压力自动停机，压力达到安全阀的泄放压力时，强制排放压缩空气，不至于使储气罐压力升得过高；储气罐压力表的主要作用是显示罐体内介质压力；排水装置的作用是将沉积在储气罐中的水分排出，常配备手动开关和电磁阀开关，正常情况下不需要人工定时排水，若电磁阀发生故障，也可人工开启手动开关进行排水，保证整个气源系统的高安全性、高效率、高可靠性和较长的使用寿命。

8.1.4 气源净化设备

气源净化设备的作用是尽可能地去除存在于压缩空气中的尘埃、油雾和水雾，为用气设备提供干净、清洁、合格的气源，减轻各种气动元器件的磨损和腐蚀，延长使用寿命和提高使用过程中的可靠性。

通常在压缩机的入口，进入的空气经空气滤清器进行过滤处理，但这种简单的过滤处理不能满足严格的用气要求。在空气压缩机气源中，经常会有油污、水分等物质随着压缩气体的移动进入气动工具或元件内，增加运动部件的阻力，加速运动部件的损耗，缩短气动元器件的使用寿命，严重时会导致气动元器件的直接损坏和报废，增加了设备维护成本，降低了气动系统的可靠性。气源净化装置通常采用主管路过滤器和油水分离器进一步过滤压缩空气中的尘埃、水雾和油雾微粒。

(1) 除尘：尘埃主要是大气中的灰尘，大部分灰尘由空气压缩机入口处的过滤器过滤，但为了避免产生过大的压差，降低空气压缩机的效能，它通常只能过滤2~5μm或更大尺寸的灰尘杂质，对于更小的微尘基本没有过滤效果，同时，空气压缩后体积减小，空气中杂质密度相对增加，因此，空气压缩机输出的空气仍然带有大量的灰尘和杂质。

（2）除油：空气压缩机在工作过程中，运动部位的润滑油会跟随空气一起进入压缩后的容器内，并与压缩空气混为一体，若空气压缩机温度过高，润滑油形成的油雾会被高温碳化，且油雾还会和尘埃结合形成油泥，堵塞气动元器件的进出气口和腔体，从而造成运动障碍和磨损。

（3）除水：当空气压缩机使空气的体积减小（压缩过程）时，空气中可包含水蒸气的能力也相应降低，当压缩空气离开空气压缩机被降温后，空气内的水蒸气便会凝聚成液态水并随着压缩空气运动，从而将水分带到各种气动元件中，水分和尘埃结合，形成泥浆，也会导致气动元件的堵塞和过度磨损。

8.1.5 冷冻式干燥机

被压缩的空气或多或少地有一定的湿度，在潮湿的气候和环境中作业时的空气湿度影响尤为严重。湿空气会对气动元器件产生腐蚀，要将压缩的湿空气变成干空气。

空气干燥的方法有吸收式、吸附式和冷冻式，普遍使用的是冷冻式。

冷冻式干燥机的主要作用是降低压缩空气的温度，并使水分凝结为液态形式从压缩空气中脱离出来，从而实现压缩空气的干燥，保障生产过程的稳定。它是根据冷冻除湿原理，将压缩空气强制通过蒸发器进行热交换而降温，使压缩空气中气态的水和油经过等压冷却，凝结成液态的水和油，并夹带尘埃，通过自动排水器排出系统，从而获得清洁和干燥的压缩空气，供后续的用气设备使用。

一般生产企业采用集中供气系统，用一个气源系统供应整个企业或整个生产车间的用气，因此，冷镦机不配备单独的气源系统，冷镦机的气动系统只是用气设备系统。

8.2 冷镦机的用气设备

在冷镦机上使用的用气设备较多，作用各异。气动系统在冷镦机中的作用主要有以下几方面。

1. 控制整个传动系统

用于控制传动系统接合、分离和制动的气动设备是离合器和制动器；在螺栓机上采用离合器/制动器组合的双作用结构；在螺母机上往往采用只有制动器的结构，用于对传动部分的制动。

当压缩空气进入离合器的气缸内，使摩擦片与主动轮接合时，接通传动系统使冷镦机的机械系统工作；当使制动器以同样方式工作时，即运动中的摩擦片与机器的固定部分接触时，机械系统就被制动并快速停止运动。

2. 控制核心机构的运动

控制冷镦机核心机构运动的气动设备是双作用气缸，冷镦机中有多处采用双作用气缸工作。

在压料轮上的双作用气缸，使压紧轮压紧对线材施加压力，保证有足够的摩擦力能同步带动线材运动，在送料齿轮的带动下实现准确送料，双作用气缸抬起松开送料轮，则方便线材的更换和补充。

在棘爪处采用的双作用气缸，抬起棘爪时使棘爪与棘轮脱离，在送料摇臂摆动时棘轮不动，致使送料齿轮不转而停止送料，有助于实现间歇送料的作业要求。

在机械手的剪切工位上安装双作用气缸，在调试和运行过程中，主动剔除不合格坯料及料头和料尾，防止进入镦锻工位造成模具和设备的损伤。

在较大直径线材的校直机构中采用双作用气缸压紧校直送料轮，方便线材的送入和更换。

有些型号的冷镦机夹子台也是采用双作用气缸实现升降（有的采用减速器和链轮驱动），方便模具更换和维护。

3. 保证构件的良好接触和回复

保证构件的良好接触和回复的场合主要使用单作用气缸，起着弹簧的作用。

冷镦机的许多执行机构由凸轮驱动，以实现规定的运动和作业要求，为保证执行机构跟随并紧贴凸轮运动，往往采用单作用气缸（相比于采用弹簧等机械回复机构，所需的压紧力小、施加的作用力均衡一致、自动消除磨损等引起间隙的影响、减小装配和调整工时，同时减小压缩弹簧等造成的机械噪声），这方面的应用有：

1）剪切机构的凸轮推动切刀依靠气缸使剪刀杆紧贴凸轮复位。

2）机械手夹料凸轮通过摇臂驱动拨叉而使夹钳动作，底座上的单作用气缸支承并顶紧拨叉与摇臂，消除间隙，保证作业可靠。

3）在后冲顶出机构中的单作用气缸，使后顶出摇臂复原而保持与凸轮的良好接触。

在这些机构中的气缸往往是在无杆腔通气，产生合适的作用力，活塞杆紧压在摇臂或与凸轮接触的构件上，保证良好贴紧并接触；在作业行程中，凸轮的升程动作通过活塞杆压缩气缸，使无杆腔内的气体压力升高而排气；在回复行程中，无杆腔内的压力降低，气动系统的压缩气体随即进入气缸，保证有足够的工作压力而紧贴着凸轮作业。

这种气缸的主动作用力由凸轮机构施加，回复力由气压系统产生；这种气缸的结构比较简单、技术要求也不高，并且有杆腔内不通气，也无弹簧等回复力元件，只要求活塞密封，不要求活塞杆密封。由于布置位置受相应机构的限制，其安装和连接方式要根据机型结构和布置状况决定，因此，往往不宜采用通用气缸，而是需要根据现场要求专门设计和制造。

4. 保证系统的运行安全（充当传感元件）

气动系统保证运行安全主要指安全销的应用，通过压缩空气与压力开关共同作用。

为了保证冷镦机的工作安全，在各个工位的前冲和后冲摇臂上设置安全销，当作业负载增大，安全销被拉断时，保护其他机构不因作业过载而损坏，保护了整个设备的安全；同时，在安全销拉断后，需要及时报警并停机排除故障。

在冷镦作业过程中，冷镦机的内部环境比较恶劣，冷却液四处飞溅，在高温时产生的油雾到处弥漫，在这样的环境下，任何传感器等检测元件都难以发挥长期有效的作用。为此，最好的方法是利用安全销安装腔内的空气压力来检测安全销的工作状态。其工作原理是：在安全销（螺栓型结构，安全拉力由销的沟槽截面积决定）与销孔间建立一个密封的容腔（在安全沟槽的两侧用O形密封圈与销孔密封），中间通入压缩空气。在正常工作状态下，腔内的空气压力不变；当安全销被拉断，腔内建立的密封环境被破坏，腔内压力消失。利用气路上与压力开关的组合，检测安全销的工作状态，一旦压力开关的压力下降，意味着安全销被拉断，通过压力开关发出的信号报警，并经控制电路使主电动机停电而制动。

5. 清除固体颗粒和切屑

使用压缩空气驱动的喷枪清除在模具型腔及表面残留的固体颗粒和切屑。

冷镦机在镦锻的过程中，坯料表面的金属颗粒、切边切下的边角料即使在大流量的冷却液作用下，仍难保证全部被清除，利用压缩空气对模具的内腔、表面的强力冲刷清扫，可有效地扫除各类残留物，保证镦锻作业的安全和制造产品的质量。

8.3 冷镦机的气动附件

冷镦机的气动附件与常用气动系统基本相同，主要包括下面几种。

8.3.1 冷镦机储气罐

冷镦机储气罐的作用是保证冷镦机的气动系统能有稳定、充足的压缩空气供设备连续使用。在冷镦机上是否需要设置储气罐、设置什么样的储气罐、储气罐设置在什么地方，要根据具体情况而定。当设备与气源的距离较远，可以在设备前端或数台设备前端共同配备储气罐，方便及时、快速地为设备供气。

一般地，当冷镦机的离合器/制动器正常连续工作时，只要保证压缩空气压力即可，理论上不再消耗压缩空气（有泄漏时补充气体），需气量不大。对于顶出机构的气缸，每个工作循环都要消耗气体，当顶出行程大时消耗的气量也大，可以在顶出气缸附近配备小型储气罐，供气缸使用。

冷镦机上的储气罐的气压通常选择 0.8MPa。

8.3.2 三联件

分水滤气器（见图 8-2）、减压阀和油雾器称为气动三大件，三大件依次无管化连接而成的组件称为三联件。三联件设置在气源装置之后，或用气设备的进气管前。

冷镦机配备的气动系统是从气动三联件开始，使用时，前端连接到气源系统中，用于对供气气体进行精过滤，使过滤后的气体达到设备气动系统的用气要求；调整设定气压并获得冷镦机系统对气压的要求，为整个系统提供合适的稳定气压，为气动执行机构的运动提供均匀高效的润滑要求。

1. 分水滤气器

分水滤气器的主要作用是将压缩空气中的水分和油气进一步分离出来，滤去其中的灰尘和固态杂质。

分水滤气器的工作过程由两部分组成。一是分离水分和油气，由入口进入的压缩空气通过导流板后沿导流旋风叶片高速旋转，混杂在空气中的较大的水汽、油滴及其他杂质在强大的离心力作用下分离出来，沿切线方向甩到水杯的内壁上，流到水杯的底部，从而进一步除去压缩空气中液态水、油和较大杂质；二是经过高速离心分离后的空气再通过滤芯的进一步过滤，清除微小的固态颗粒，然后从出口输出清洁的压缩空气；下部的伞形挡水板将水杯分隔成上下两部分，下部保持压力静区，可以防止高速旋转的气流吸起杯底的水和油。聚集在杯底的水和油从排水阀排出。

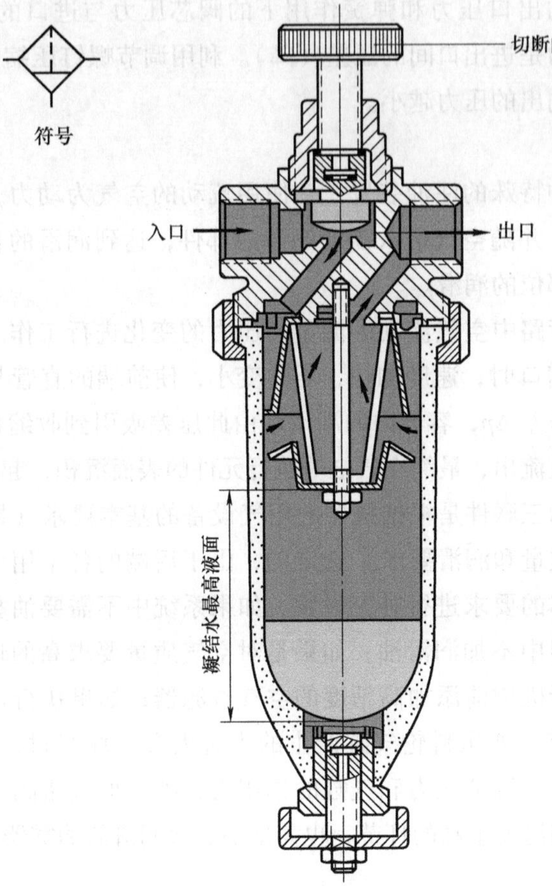

图 8-2　分水滤气器

空气的过滤是气动系统中的重要环节，不同的场合对压缩空气的要求也不同。分水滤气器的滤灰能力较强，属于二次过滤器，相比而言，在气源系统中的过滤器则是一次过滤器。通常一次过滤器（又称简易过滤器）的滤灰效率为 50%～70%，二次过滤器的滤灰效率为 70%～99%，在滤灰效率要求高的特殊场合，还可使用滤灰效率更高的过滤器。

2. 减压阀

减压阀在气动系统中起着减压和稳压作用，使气源稳定地处于恒定压力状态，可减小气源气压突变时对阀门或执行器等硬件的损伤；改变压力实现气路压力的控制，满足各种分路压力要求或用以节能。

空气减压阀的工作原理是基于弹簧力的作用，通过阀芯的移动来调节出气口的压力。当高压气体经过进气口进入阀体时，其气体压力推动阀芯移动并压缩弹簧，使空气的出口压力和弹簧作用下的阀芯压力与进口的空气压力平衡，弹簧力产生的压力是进出口间的压差（降）。利用调节螺钉压缩弹簧的压缩量越大、压降越大，输出的压力越小。

3. 油雾器

油雾器是一种特殊的注油装置，它使用流动的空气为动力，将润滑油雾化后注入空气流中，并随空气进入需要润滑的部件，达到润滑的目的，如气缸内活塞和活塞杆等部位的润滑。

油雾器利用管路中空气流动的流量与压力的变化进行工作。当压缩空气流经截面变小的收缩口时，速度加快，压力变小，使前端的直管与收缩口最小断面之间有微小的压差 Δp，容器内的润滑油由此压差吸引到收缩口处，再和通过的气流混合并扩散流出，最终在气缸等执行元件的表面沉积，起着润滑的作用。

冷镦机前端的三联件是根据机器的用气设备的基本要求（即最高的用气气压、最低的气体质量和润滑要求）选定的，由于后端的各个用气部分的要求不同，还要结合具体的要求进行补充设置。如果系统中不需要油雾润滑，则不配置油雾器或油雾器中不加润滑油；如果是对空气质量要求高的环节，需要进行再次过滤，在执行机构前添加高精度的空气过滤器；如果执行机构的压力需要根据使用场合调节，如压料轮气缸产生的力过大会压坏线材，影响加工质量，需要根据线材的大小调节压力和气缸的作用力，则增加调压阀减小执行机构的压力；如果是对润滑要求高的环节，也需增加二次润滑的油雾器。

8.3.3 方向控制阀

方向控制阀在气压传动系统中通过改变压缩空气的流动方向和气流的通断来控制执行元件的起动、停止及运动方向。方向控制阀的控制方式、结构型式多样。在冷镦机中用到的主要是单向阀和方向阀。

1. 单向阀

单向阀允许气流只能沿一个方向流动而不能反向流动。

单向阀的阀芯有球形和锥形两种，常用的是锥形阀芯。气动单向阀的阀芯与阀座之间靠密封垫密封，密封垫可以是锥密封、球密封、圆盘密封和膜片密封等；弹簧将阀芯顶压在阀座上，压缩空气通过单向阀时要克服弹簧力，普通单向阀的弹簧主要用来克服阀芯的摩擦阻力和惯性力，弹簧刚度较小。

2. 方向阀

方向阀的作用是利用阀芯和阀体之间的相对运动来接通、关闭或变换气体流向执行元件的方向，以使执行元件起动、停止或变换运动方向。

在冷镦机上使用的方向阀是常用的直动式电磁方向阀和手动方向阀。电磁方向阀用于经常切换气体流动方向的场合，如离合器/制动器等执行元件；手动方向阀用于变换不频繁的场合，安装在气缸附近（如压料轮气缸），在更换盘料时操作，既方便又安全。

8.3.4　压力开关

压力开关是一种简单的压力控制装置，压力开关采用压力传感器和变送电路，再经 CPU 模块化处理技术，实现对介质压力的检测、显示和控制输出。当被测压力达到额定值时，压力开关可发出报警或控制信号。

当检测到系统中的压力高于或低于额定安全压力时，传感器中的圆盘瞬间移动，通过连接导杆推开或关闭开关连接器。当压力下降或上升到额定值时，圆盘立即复位，压力开关自动复位，或者当被测压力超过额定值时，弹性元件的自由端直接发生位移，连接或比较元件后按下压力开关，改变压力开关的通断状态，达到控制被测压力的目的。

当冷镦机上的安全销在强力状况下被拉断时，在安全销与孔之间容腔内的压缩空气泄漏，压力骤然下降而不能继续维持，压力开关动作，发出报警信号并切断电源，保证了机器的安全。

8.3.5　其他附件

1. 溢流阀

溢流阀的作用是当回路中的压力上升到所规定的设定压力以上时，气流需要经排气口排出，以保持输入压力不超过设定值。如在冷镦机顶出机构中的单作用气缸，受到凸轮机构对活塞杆的作用，迫使活塞移动，无杆腔的压力升高，需要通过溢流阀排出气体以维持缸内压力；当凸轮机构处于回程阶段时，溢流阀关闭，压缩空气进入无杆腔，维持活塞杆与凸轮的良好接触。

2. 消声器

在气动系统控制中，气动系统不设置回路管路，压缩空气直接排入大气。由于压缩空气压力高，排气速度快，会产生强烈的排气噪声，为降低排气噪声，一般都在排气口安装消声器。

8.4 执行机构

8.4.1 双作用气缸

冷镦机核心部件的控制一般选用普通的标准单杆双作用气缸。这类气缸由前后气缸盖、活塞、活塞杆和缸体组成，活塞杆与前气缸盖、活塞与缸体之间用密封圈密封。根据使用场合的需要可以选择缓冲机构。

气缸一般不满行程运行，选择规格时应留有行程余量。气缸工作的推荐速度为0.5~1m/s，工作压力为0.4~0.6MPa，环境温度为5~60℃。

8.4.2 单作用气缸

冷镦机上采用的单杆单作用气缸，其结构型式与普通的单杆单作用气缸相同，而其工作方式则与普通气缸不同，在正常工作状态下是无杆腔通气，保持活塞杆与凸轮（或与凸轮连接的构件）紧密接触，产生足够且基本恒定的作用力；凸轮的升程通过活塞杆压缩使无杆腔排气，而在回程过程中，依靠无杆腔及时进气保持接触，因此在气缸的无杆腔往往不配备弹簧。

这种单杆单作用气缸通常是冷镦机应用企业自己设计制造，根据使用场景的安装空间设计布置位置，确定安装连接方式和工作行程。

8.4.3 离合器和制动器

在冷镦机上，普遍采用气动离合器和制动器。对于需要同时安装离合器和制动器的场合，为节省安装空间和方便调整，往往是将离合器和制动器制成一体式的结构。离合器和制动器通常安装在大带轮上，应用摩擦原理工作。

离合器的摩擦片与带轮结合，利用气缸产生的轴向力压紧摩擦片，把带轮的转矩传递给从动轴。离合器/制动器一体式结构的制动器摩擦片与固定的基础件（床身）相连，制动器摩擦片用弹簧力（也可用气缸）压紧，使从动轴与基础件结合，阻止从动件运动，不工作时属于制动状态；当工作时，气缸通气使活塞推动离合器接合的同时压缩制动器弹簧，使制动器脱开、离合器接合，从而使从动轴进入工作状态；当切断气源时，离合器气缸与大气相通，在制动弹簧的作用下，活塞快速回复原位，离合器脱开的同时弹簧压紧制动片，处于制动状态，使从动件停止运动。

通常情况下，离合器摩擦片与制动器摩擦片的结构和尺寸相同，这样方便备品的管理和磨损后的更换。使用的摩擦片结构型式有两种，一种是盘式摩擦片，另一种是浮动镶块式摩擦片。盘式摩擦片是在金属盘片的两面黏接或铆接环形的摩擦片，而浮动镶块式摩擦片则是在带有孔的金属盘（一般是剖分结构，方便取出更换摩擦块）上镶嵌摩擦块，摩擦块镶嵌在金属盘的腰形孔内，可以浮动。一般摩擦块的镶孔位于金属盘的近外圆处，以便获得更大的摩擦力矩。

盘式摩擦片有较大的摩擦面积，在选择转矩和选用气体压强相同的情况下，摩擦片的外径就可小一些，同时采用多片结构还可以增加摩擦面积，使从动部分的转动惯量较小，有利于改善离合器的发热状态，降低能量消耗。浮动镶块式摩擦片的结构比较简单，摩擦片磨损后只需更换摩擦块，维护方便，成本低。无论采用何种结构的摩擦片，离合器/制动器的结构基本相同。

图 8-3 所示为离合器/制动器一体式结构的爆炸图。它由气缸体 3、环形活塞 19 及大、小 U 形密封圈 17 和 18 构成气缸，为离合器施加轴向（法向）压紧力；制动板 4 和摩擦块 5 构成制动片，起制动作用；离合板 14 和摩擦块 5 构成离合器片，传递来自带轮的动力；本体 12 与气缸体 3 用平行销 1 定位，用内六角螺钉 2 连接成一体，承接环形活塞 19 施加在离合器片上的压力，形成内力而平衡；柱销 13 引导环形活塞 19 并防止摩擦片接合初期打滑引起的活塞转动；内侧的弹簧 11 在环形活塞 19 上，提供制动的轴向力并使环形活塞 19 快速缩回。

离合器/制动器通过平键或胀紧套安装在从动轴上，离合器片（浮动镶块式结构由离合板 14 和摩擦块 5 组成，盘式结构是由金属盘片铆接摩擦片）通过短耳板 9（有的结构采用环形连接板）和套筒 7 连接到带轮上；制动器片（由制动板 4 和摩擦块 5 组成）通过长耳板 8 和套筒 7 连接到床身等冷镦机的固定基础件上。摩擦片与活塞压盘、气缸体和本体间都要求留有 0.5mm 左右的间隙，当压紧摩擦片时此间隙消失，摩擦片产生轴向移动，套筒的作用是方便耳板的轴向移动，利用内六角螺钉 6 紧固套筒 7 有利于很好地传递摩擦片产生的力矩。

当气缸进气时，活塞压缩制动弹簧，克服弹簧力的作用，先使制动器松开，后将离合器片压紧在本体 12 上，使带轮通过离合器片带动从动轴转动；当气缸

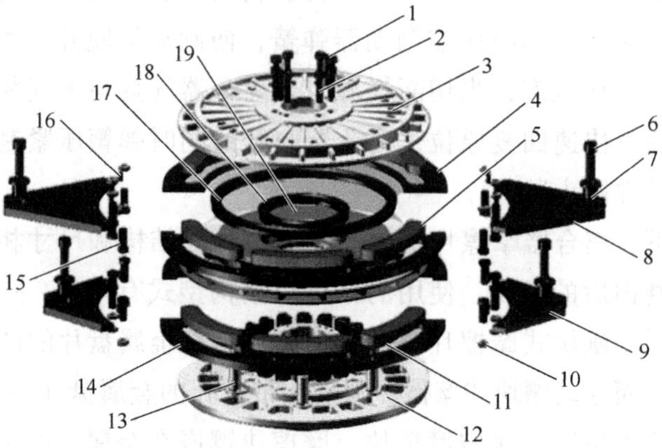

图 8-3 离合器/制动器一体式结构的爆炸图

1—平行销 2、6—内六角螺钉 3—气缸体 4—制动板 5—摩擦块 7—套筒 8—长耳板 9—短耳板 10—螺母 11—弹簧 12—本体 13—柱销 14—离合板 15—外六角螺钉 16—弹性圆柱销 17—U 形密封圈（大） 18—U 形密封圈（小） 19—环形活塞

排气时，活塞在制动弹簧的作用下退回，先是离合器片上的压力消失，离合器脱开，随后活塞上的大盘面将制动器片压紧在气缸体外侧的环面上，产生制动力矩，使从动部分停止运动。

气缸离合器/制动器的供气压力一般为 0.5~0.6MPa。

第9章 电气控制系统 9

电气控制系统作为冷镦机工作的“大脑”，是整个系统的核心，也是机器的重要组成部分，其性能的好坏对机器的运行安全性、可靠性至关重要。

设备的电气控制方法很多，有继电器接触器控制、可编程控制器控制和计算机控制等。

目前，冷镦机的电气控制系统以可编程控制器（PLC）为主。PLC充分利用设备的继电器控制和微处理器控制的优点，满足工业领域的实时控制要求，兼顾现场电气操作和维护人员的技能和习惯，形成以与继电器逻辑控制相似的梯形图或流程图为基础的形象化程序语言，程序清晰直观，方便技术人员和操作者掌握和调试。

9.1 电气控制系统的基本要求

冷镦机属于锻压机械的自动锻压（成形）机类，在生产过程中，经调试合格并达到生产的质量要求后，整个生产过程自动执行、连续工作、安全可靠。

对电气控制系统的基本要求如下。

（1）操作简单，实现联锁。针对不同的作业要求，简化操作过程，实现一键操作。不同作业要求之间实现可靠互锁，保证作业安全。如在运行作业环境下，一键起动后，在机器运行的同时，保证生产过程中所要求的润滑、冷却、送料等工作内容相继顺序进入工作状态；而在维护、调试状态，则必须在该作业安全的条件下，不得长动，只能是手动点动操作；对于危险区域的调试工作，应在运动后实现可靠的锁止，以免在重力等作用下改变位置和状态，发生事故。

（2）无须干预、连续作业，自动完成。冷镦机的镦锻作业是连续进行的，只要材料允许，生产数量没有限制，整个过程无须人工干预。一旦提供的盘料用光，或达到要求的镦锻数量，冷镦机必须能自动停止运行，否则，轻则会造成空运转产生浪费，重则会因尾料的不良输入而影响机器的作业，造成事故。当供给材料即将用尽或达到给定的制造数量时，机器会根据其作业状态，自动停止运行。

（3）状态监测、保证运行安全。机器在长期的运行过程中，会出现各种问题，如零件磨损、连接松动、材料大小或硬度不均，而使机器的技术状态变差。此时会影响产品质量，或使机器负载加大，或使机器零部件损坏，为保证机器的运行安全，对机器的工作状态进行有效的监测和诊断，轻则报警提示，重则立即主动停机并同时报警，方便操作者检查并排除故障。

（4）适应性好、通用性强，留有裕量。冷镦机的工作原理相似、具体结构略有不同，冷镦机的电气控制系统尽可能适用于同类产品的控制要求，方便电气控制系统的制造、装配、调试和维护。冷镦机的规格、型号和功率等不同，通过改变相应电气元件的规格就能适用；对于不同工位要求和状态监测要求要进一步细化，在电气控制系统中留有适当的输入节点和输出节点，或在程序中合理规划，有利于修改程序，方便输入信息的扩容和输出信息的执行。

（5）经济合理，可靠性高。电气控制系统不宜盲目追求自动化和高指标，控制方式并非越先进越好，而应该以经济效益为标准。即使电气控制系统再精良，也需要稳定的可靠性作为支撑，因此要提高控制设备的可靠性，需要从实际出发，对控制系统元器件做正确合理的选择与使用，提高其可靠性和稳定性。

冷镦机内部处处流淌着润滑油和冷却油，弥漫着冷却汽化后的油雾，恶劣的环境不利于电子元器件的应用，选择可靠、稳定的状态监测元器件，在温度、湿度、频率、老化等变化因素影响的情况下，仍能正常工作，是保证机器安全运行的关键。

9.2 PLC 控制的特点和使用环境

PLC 实现了接线逻辑到存储逻辑的飞跃；其功能从弱到强，实现了逻辑控制到数字控制的进步；其应用领域从小到大，实现了从单体设备简单控制到运动控制、过程控制及集散控制等各种任务的跨越，成为工业控制领域的主流控制设备，在各行各业发挥着越来越大的作用。

1. PLC 的应用特点

PLC 的应用特点主要包括以下几方面。

1）可靠性高，抗干扰能力强。

2）配套齐全，功能完善，适用性强。

3）易学易用，深受工程技术人员欢迎。

4）系统的设计制造工作量小，维护方便，容易改造。

5）体积小，重量轻，能耗低。

2. 工作环境

尽管 PLC 的可靠性较高，抗干扰能力较强，但在设计、安装和使用维护中，对 PLC 的使用环境仍需要高度重视。

1）温度：PLC 允许的环境温度取决于内部器件，一般在 0~55℃ 下使用，在没有风扇冷却的条件下，内部温度常高出环境温度 10~15℃，这一点应予以考虑。安装时不能放置在发热量大的元件下面，四周通风散热的空间应足够大。

2）湿度：湿度一般在 35%~85%。湿度太高会破坏绝缘性能。特别注意结露问题、环境温度变化常会引起结露，这是十分有害的。

3）振动：振动、冲击一般均按国际规定电子产品的允许范围要求，防止振动频率为 10~55Hz 的频繁或连续振动。通常连续振动在振幅 0.5mm、振动加速度 0.2g 以下，短时振动在 5mm、0.2g 以下。当使用环境的振动不可避免时，必须采取减振措施，如采用减振垫等。

4）空气：避免有腐蚀和易燃的气体，如氯化氢、硫化氢等。尘埃密度一般应控制在 0.3mg/m^3 内，对于空气中有较多粉尘或腐蚀性气体的环境，可将 PLC 安装在封闭性较好的控制柜中或加装防尘外壳。

5）电源：通常规定电压波动不超过±10%，频率波动不超过±2%，瞬时停电时间应在 10ms 以内。

PLC 的接地最好采用专用和单独接地，同其他设备的接地分开。如难以实现，可以把 PLC 地线与其他电器和设备的接地线集中在一点公共接地（见图 9-1）。特别注意，不要把 PLC 的接地线与其他电器或设备的地线相互串联连接后再共同接地，以避免杂散接地电流对 PLC 的影响。

图 9-1　PLC 接地方法

9.3 冷却泵和润滑油泵的控制

冷镦机使用冷却泵给模具和坯料冷却，润滑油泵给工作部位的相对运动表面间输送润滑油。冷却泵电动机和润滑油泵电动机均采用直接控制方式。在润滑系统中，为保证润滑油供油可靠和清洁，配套的滤油泵电动机和回油泵电动机等也是采用直接驱动方式，并且往往与润滑油泵电动机联动，以保证润滑系统的正常工作。

这些电动机在控制中通常采用独自操作和顺序操作两种方法控制。独自操作主要用于调试和预先润滑的需要。顺序操作是在正常的镦锻作业时，由于机器运行的需要，由机器的起动直接联动而起动，也就是在冷镦机正常连续作业时，为防止相对运动部分的干摩擦而造成运动表面的磨损和过早损坏，往往在冷镦机机械部分的运行之前，先行启动润滑系统（和冷却系统），使运动表面首先充满润滑油后，再使各运动件运动。也就是在冷镦机“起动”的一键操作下，按时间顺序，先接通润滑系统和冷却系统，起动这两个系统的电动机，最后接通主电动机运行（实际上在主传动系统的运行通过离合器控制时，离合器控制要在后，主电机起动的前后顺序不影响）的联动方式。

这些电动机的起动都是采用直接起动方式，从控制要求来说，只实现起动（正向连动）和停止。正常工作的停止也不能早于主电动机停止，也就是这些电动机起动在前、停止在后。润滑、冷却和回油、滤油处理的直接驱动电动机的主电路如图 9-2 所示。

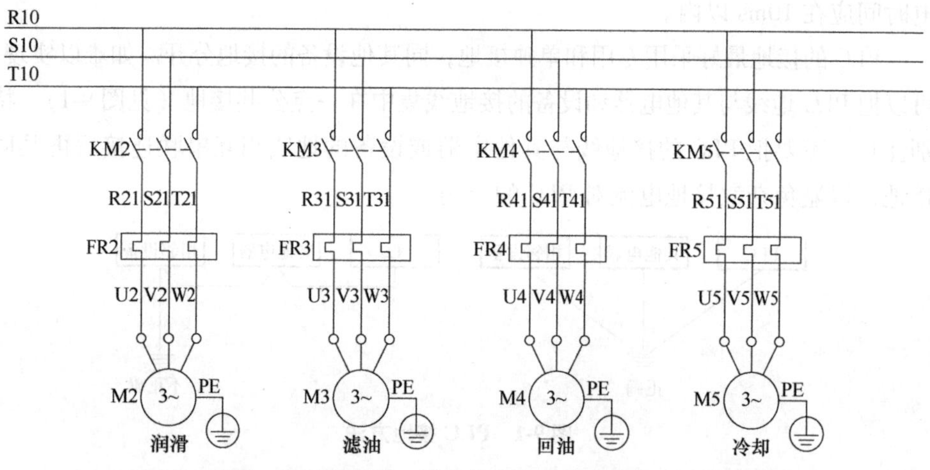

图 9-2 润滑、冷却和回油、滤油处理的直接驱动电动机的主电路

这些电动机的控制电路是典型的起-保-停电路，简单的方法是采用传统的继电器-接触器控制来解决，这种控制电路常见于电气控制电路中。作为整个冷镦机集中控制的要求，这种简单的控制电路也同样进入 PLC 控制系统。图 9-3 所示为冷镦机采用汇川 PLC 控制的 I/O 地址分配和实际接线图。

1. 润滑油泵电动机控制

润滑油泵电动机的起停控制使用按钮，接入 PLC 的输入端。起动按钮是 SB1 接输入端接线柱 X00、停止按钮是 SB2 接 X01，两者互锁；在 PLC 的输入端，起动按钮是接动合触点，停机按钮可以接动合触点，也可接动断触点，根据编程人员的习惯及其安全要求来选择。PLC 的控制原理本质上是典型的起-保-停控制方式，按下起动按钮 SB1，输入继电器 X0（注意：这是梯形图上的编号，见图 9-3 中 PLC 的框内编号，对应的接线编号是 X00，下面相同处理）得电，停止按钮 SB2 接动断触点，输入继电器 X1 的常态是处于得电置 1 状态，此时 PLC 的输出继电器 Y0（与输入 X 编号进行同样处理）得电并自锁，维持 Y0 的输出；在输出电路上 Y00 驱动 KA1 中间继电器线圈通电（见图 9-3），使其动合触点闭合，由其触点控制润滑电动机的接触器 KM2 线圈得电（见图 9-5），主电路（见图 9-2）接通电源使润滑电动机 M2 通电起动；当按下按钮 SB2（常闭）时，输入电路（X01）断开，输入继电器 X1 失电，输出继电器 Y0 失电（见图 9-4），润滑油泵电动机停止。

主电路中的热继电器 FR2 为电动机提供过载保护，当过载时间长、通过电流大时，利用热元件双金属片的热伸长产生的弯曲变形，推动热继电器的触点动作，切断控制电路（见图 9-5），使电动机停电，而冷却后又能恢复正常工作。当热继电器起作用时，润滑油泵不工作，机器无法正常润滑，会使运动部分发热烧损，因此，当热继电器 FR2 起作用时，控制系统必须报警并停机。

润滑油是循环利用来供给润滑油泵工作的，润滑油流经各个润滑点润滑后通过油盘收集，最后回到润滑油泵的吸油室。润滑过后的润滑油夹杂着润滑点处运动后冲洗下的磨屑并带走产生的热量。在润滑系统中，为保证油液的清洁，使用滤油器过滤杂质和磨屑。滤油器包括有独立电动机带动的有动力滤油器和串联在油路中无动力的离心滤油器两种形式，可根据系统要求来选择。润滑油通常是由沉淀池流回油泵池中，在机器较大、流动缓慢或储油量不是很大的情况下，为保证润滑油连续可靠地供应，有时设置回油泵以加快回油并稳定输油。对于不同的应用场景，润滑系统中的配置会有不同。为了适应不同的情况，又使润滑系统的控制电路设计简化，采用单一的控制电路，PLC 以一路输出控制

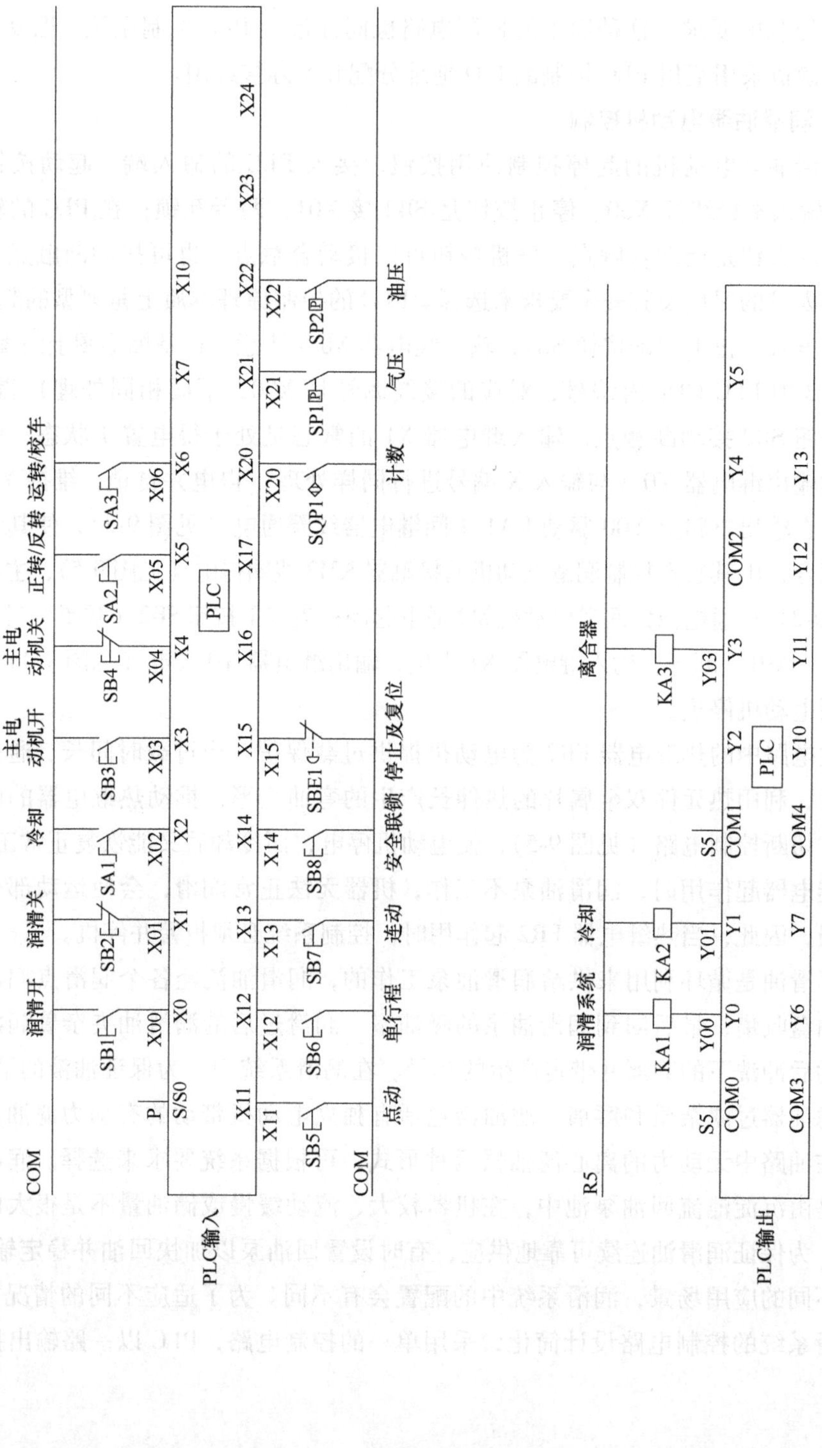

图9-3 I/O地址分配和实际接线图

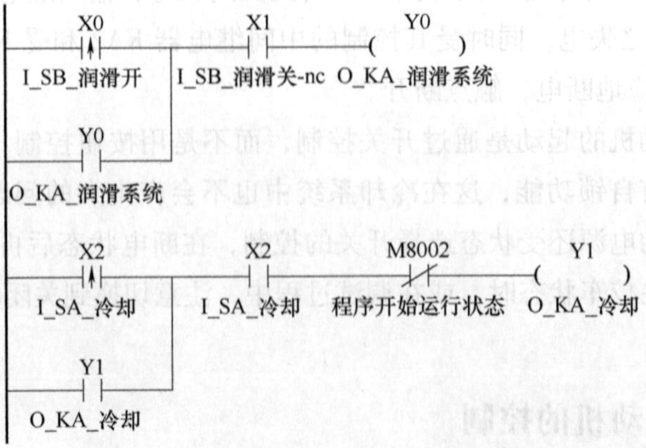

图 9-4　润滑和冷却泵电动机控制梯形图

的方式满足不同机型的要求。一般采用中间继电器 KA1 的多对触点来实现，分别驱动各个电动机的接触器，或用大流量的中间继电器触点同时连接多个电动机的接触器（见图 9-5）。利用输出控制的中间继电器 KA1 集中控制润滑油泵、回油泵和滤油泵电动机的接触器 KM2、KM3 和 KM4。各个电动机的安全保护利用各自的热继电器来实现。这样，在统一的润滑系统 PLC 控制电路的条件下，满足各种控制要求，提高了控制系统的通用性和适应性，简化控制要求。

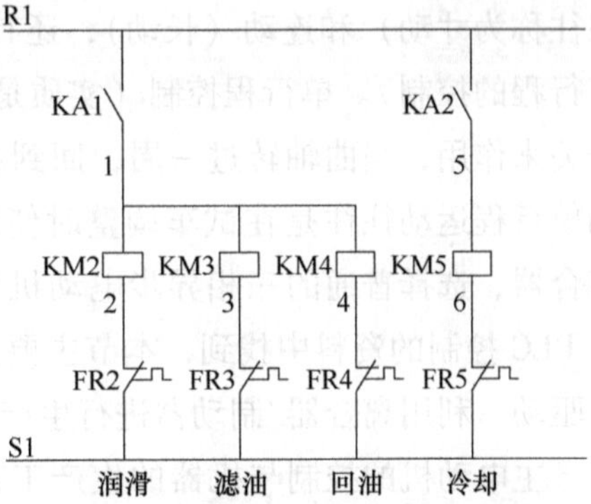

图 9-5　润滑和冷却输出控制原理图

2. 冷却泵电动机的控制

冷却泵电动机的控制使用开关控制，PLC 控制也是基本的开关控制线路。转动冷却泵开关 SA1 处于启动（开）状态，接入 PLC 的输入接线柱 X02，继电器 X2 得电后闭合。在程序运行状态正常时，输出继电器 Y1 得电并自锁。输出信号 Y01 通过输出电路，使中间继电器 KA2 线圈得电（见图 9-3），KA2 的动合触点闭合，接着控制冷却泵电动机的接触器 KM5 线圈通电、触点闭合（见图 9-2），接通主电路上的总电源使冷却泵电动机 M5 通电起动运行。在输出控制电路上的热继电器 FR5 触点（热敏元件接入主电路）会在冷却泵电动机长时间、大负载运行的过热状态下断开，切断 KM5 的线圈供电，进而切断主电源，实现冷却泵电动机的自动保护。当将冷却泵电动机开关 SA1 转到关闭状态，输入继电器 X2 断电，输出继电器 Y1 随之失电，同时受其控制的中间继电器 KA2 和受 KA2 控制的接触器 KM5 线圈相应地断电，触点断开。

冷却泵电动机的起动是通过开关控制，而不是用按钮控制，操作和控制电路简单，但没有自锁功能，这在冷却系统中也不会产生大的问题。冷镦机在正常运转状态下的电源还受状态选择开关的控制，在断电状态后再来电也是安全、正常运行。当在校车状态时，或在调试过程中，注意切换到关闭状态。

9.4 主电动机的控制

冷镦机的主电动机控制要求除了有常用电动机控制的点动（在冷镦机行业，往往称为寸动）和连动（长动），还有被称为单行程的控制（相当于运动一个往复行程的控制）。单行程控制（实质是行程控制）是利用安装在飞轮侧面的位置开关来作用，当曲轴转过一周，回到起始位置（角度）时，使运动停止。点动和单行程运动往往是在试车调整时使用，并且有正转和逆转的要求。在不安装离合器、选择普通的三相异步电动机作为驱动电动机的控制，可以在有关电动机 PLC 控制的资料中找到，本节主要介绍目前在冷镦机上普遍采用的变频电动机驱动、利用离合器/制动器进行生产的冷镦机控制系统。

主电动机的控制与机器的生产工艺要求和所选电动机的结构型式有关。根据生产要求是否需要调速，按异步电动机的调速方法不同，分为变极调速、变频调速和变转差率调速等几种。

一般机器的主电动机对转速精度的要求不高。目前，往往出于提高生产率和适应生产中负载变化的需要，机器采用调速方式来提高使用的灵活性和方便性。调速方式以采用变频调速为主。变频调速是通过变频器先将工频交流电（50Hz 交流电）转换成直流电，然后再调整其频率和电压，作为供给电动机的电源，以此改变电动机的转速和负载。变频电动机则是通过变频器来实现调速和负载控制，使得电动机能够适应不同的工作条件和应用要求。变频器和变频电动机之间的匹配度非常重要，应根据电动机的特性和工作条件选择最适合的变频器，以实现电动机的正常运行和高效控制。变频电动机的结构和工作原理与普通的异步电动机相似，但对承受高频磁场、电磁负载和散热的能力不同，以普通异步电动机代替变频电动机使用时，要注意其调速范围不能太大。

对于配备离合器的冷镦机的控制与无离合器的控制又有所不同。无离合器的点动、单行程、连动（长动）是控制电动机来实现的，而采用离合器的冷镦机的电动机起动后连续工作，点动、单行程、长动是通过控制离合器的接合与分离来实现的。点动、单行程主要用于机器的调试和调整，运动要求安全，防止碰撞，采用的运行速度要求尽可能低，系统中采用变频器的最低频率驱动电动机；而连动（长动）的速度要与生产节拍相适应，要求的运行速度比较高。在冷镦机上使用的离合器通常是气动离合器，而离合器的接合与分离就是控制气动电磁阀的接通和断开。

变频调速控制的主电路与普通电动机的主电路相比，主要区别是前者在主电路上插入一个变频器，其组成如图 9-6 所示。

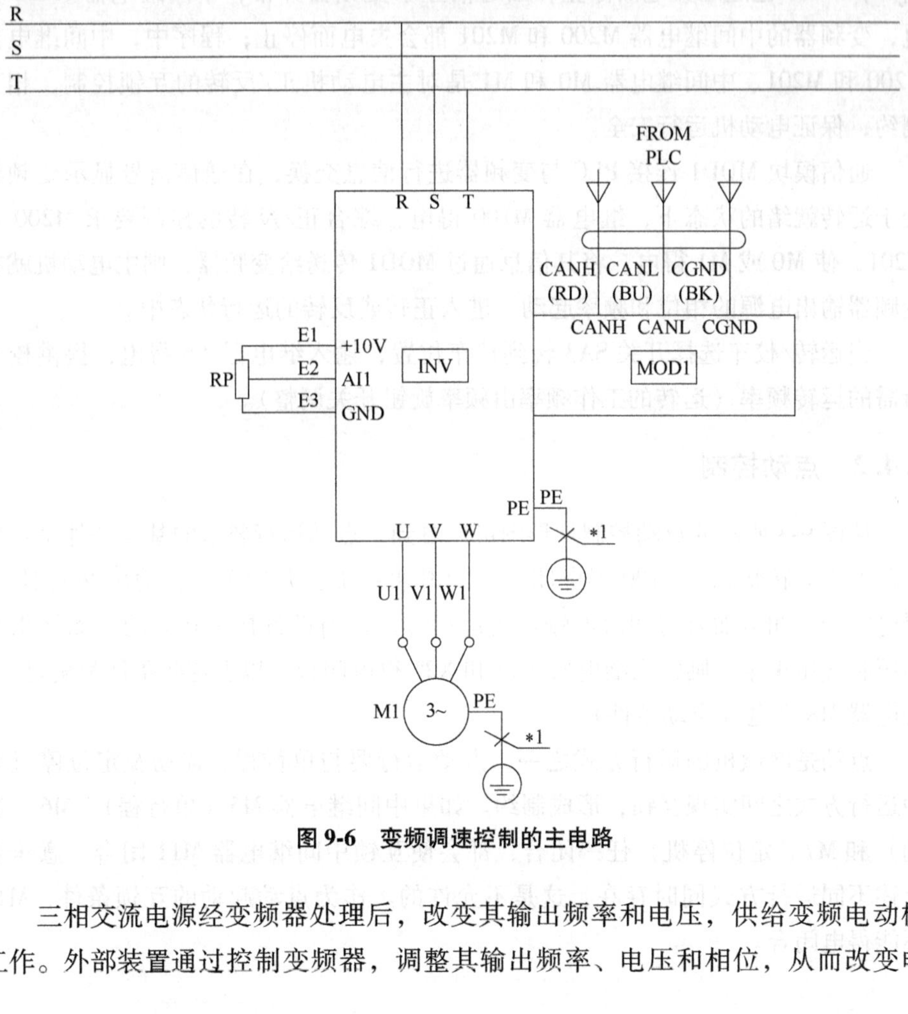

图 9-6　变频调速控制的主电路

三相交流电源经变频器处理后，改变其输出频率和电压，供给变频电动机工作。外部装置通过控制变频器，调整其输出频率、电压和相位，从而改变电动机的工作状态，调整转速，实现正转、反转。

9.4.1 变频器和电动机的控制

主电动机的控制在控制面板上使用的按钮有起动按钮 SB3 和停机按钮 SB4（选择常闭触点编程），正/反转选择开关 SA2 和运转/校车选择开关 SA3。

在正/反转选择开关 SA2 选择正转，输入继电器 X5 闭合；变频器反转的情况相反，此时，要将变频器选择开关拨到反转位置，输入继电器 X5 断开。

变频调速电动机控制梯形图如图 9-7 所示。

当按下主电动机起动按钮 SB3 时，输入继电器 X3 得电，变频器正转，中间继电器 M200 得电并自锁。当按下主电动机停机按钮 SB4，输入继电器 X4 失电断开，M200 也随之失电而停止；当通信显示变频器异常，中间继电器 M102 失电，变频器的中间继电器 M200 和 M201 都会失电而停止；程序中，中间继电器 M200 和 M201、中间继电器 M0 和 M1 是对主电动机正/反转的互锁控制，相互制约，保证电动机运行安全。

通信模块 MOD1 连接 PLC 与变频器进行信息交换，在通信信号显示变频器处于运转就绪的状态下，继电器 M100 得电，综合正/反转的控制要求 M200 或 M201，使 M0 或 M1 得电。将其信息通过 MOD1 传送给变频器，则主电动机就在变频器输出电源的相位和频率起动，进入正转或反转的运行状态中。

当运转/校车选择开关 SA3 转到校车位置，输入继电器 X6 得电，提供校车所需的运转频率（运转的工作频率由频率旋钮开关调整）。

9.4.2 点动控制

从图 9-8 所示的点动控制梯形图可以看到，点动运行要求的基本条件是：变频器处于运转状态，M100 得电闭合，润滑油系统已开始工作，输出继电器 Y0 得电闭合，润滑油泵将润滑油输送到运动部位；当设备技术状态的检测结果是油压和气压正常，则输入继电器 X22 和 X21 得电闭合。以上这些条件都满足时，继电器 M8 得电（点动条件）。

点动是冷镦机的运行方式之一，点动运行要与单行程、连动及定位停机几种运行方式之间实现互锁，形成制约。如果中间继电器 M5（单行程）、M6（连动）和 M7（定位停机）任一闭合，都会使互锁中间继电器 M11 闭合，意味着上述不同运行方式同时存在，这是不允许的。作为点动起动的互锁条件，M11 不能得电闭合。

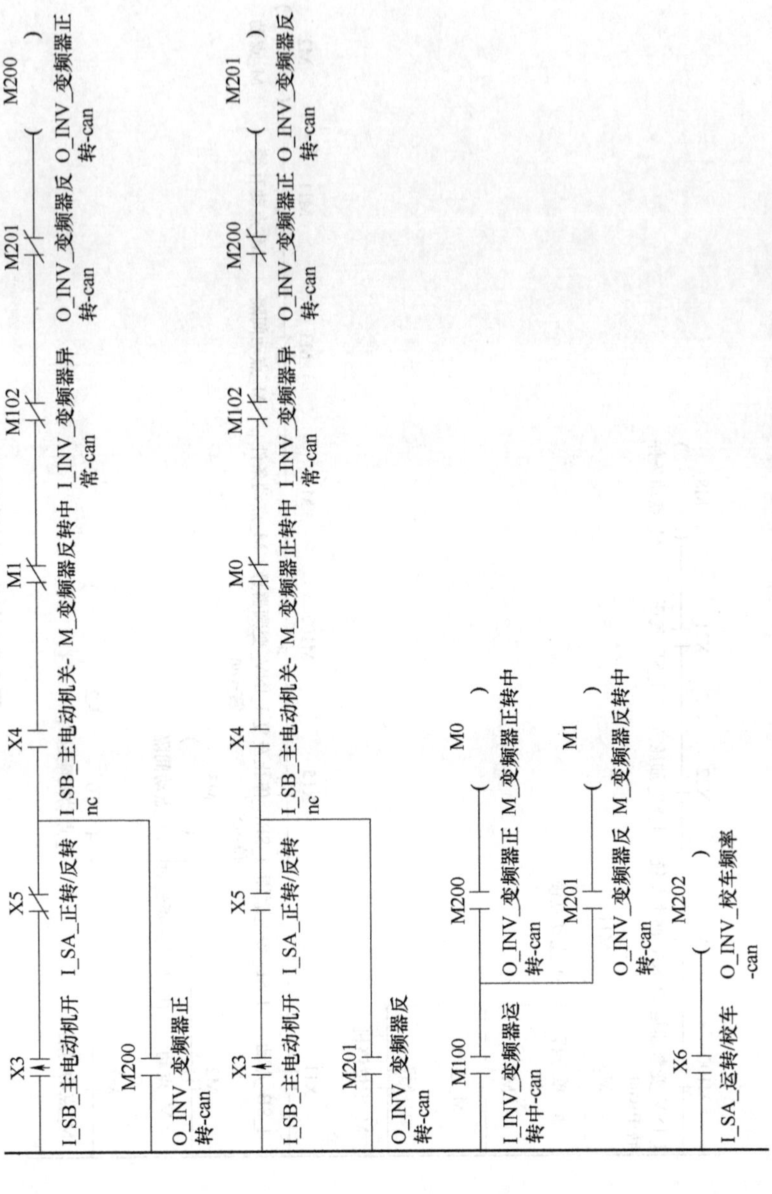

图 9-7　变频调速电动机控制梯形图

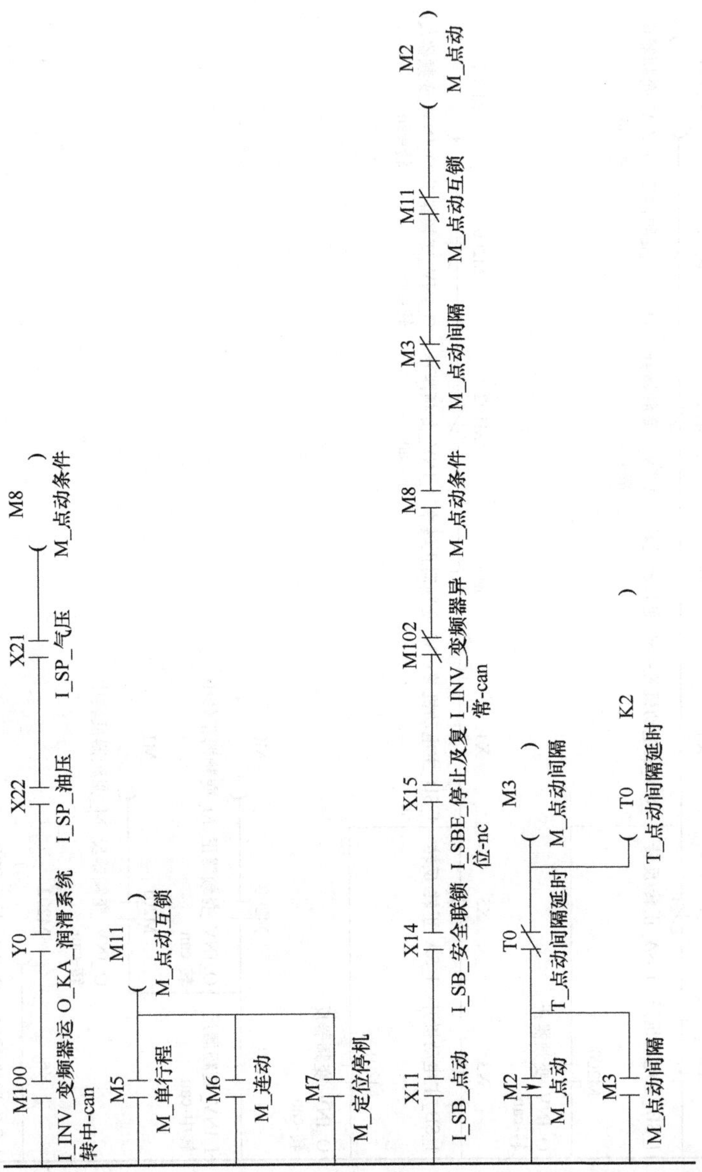
M100
I_INV_变频器运转中-can
Y0
O_KA_润滑系统
X22
I_SP_油压
X21
I_SP_气压
M8
M_点动条件
M5
M_单行程
M11
M_点动互锁
M6
M_连动
M7
M_定位停机
X11
I_SB_点动
X14
I_SB_安全联锁
X15
I_SBE_停止及复位-nc
M102
I_INV_变频器异常-can
M8
M_点动条件
M3
M_点动间隔
M11
M_点动互锁
M2
M_点动
M2
M_点动
T0
T_点动间隔延时
M3
M_点动间隔
M3
M_点动间隔
T0
K2
T_点动间隔延时

图 9-8　点动控制梯形图

点动控制的工作原理是：同时按压点动按钮 SB5 和安全联锁按钮 SB8，输入继电器 X11 和 X14 得电闭合；在停止/复位选择开关（急停开关，接常闭触点）正常、变频器工作正常、点动工作条件和互锁条件满足，即在继电器 X15、M102、M8、M3、M11 得电闭合的条件下，点动中间继电器 M2 得电、输出，使控制离合器的输出继电器 Y3 得电（见图 9-11），控制离合器的电磁阀通电而使离合器通气并与带轮接合，冷镦机的曲轴滑块机构开始运转。

按住点动按钮 SB5 不动，机器一直运行。机器运行的行程和停止的位置由按压按钮的时长和停止时的状态决定；松开点动按钮 SB5，点动中间继电器 M2 随即失电，机器停止运行；松开 SB5 后，点动中间继电器 M2 的下降沿触发中间继电器 M3 得电自锁，同时也使定时器 T0 开始计时。在定时器 T0 计时的时间长度 k2 内，再次按压点动按钮 SB5，由于 M3 的常闭触点仍处于断开状态，M2 无法得电，所进行的点动操作无效；当定时器 T0 时间到，T0 的延时触点断开，M3 失电恢复正常，则可继续进行下一次的点动操作。因此，点动作业是有时间间隔要求的，按压点动按钮 SB5 时间可长可短，视机器的运动要求而定，但按压点动按钮的时间间隔不能太短。

点动控制的本质是在电动机正常运转的情况下（点动不是控制电动机）控制离合器的动作，带动机械部分的运动来实现点动。点动是在按压点动按钮后，控制气动电磁阀，使冷镦机离合器气缸通气，离合器与带轮（齿轮）接合而运动，松开按钮后电磁阀失电，离合器与带轮分离而停止运动；每次点动操作要有一定的时间间隔要求。

9.4.3　单行程控制

单行程控制就是使机器运行一个行程，即曲轴转动一周。单行程控制与点动控制不同，点动控制不用自锁，而是全靠手指按压按钮来控制行程，单行程控制需要自锁，使机器自动运行一定时间（一个周期）后，通过位置传感器来控制行程结束，停止运行。位置传感器检测曲轴的转动角度。

单行程起动的自锁控制与连动（长动）控制是相同的，停止的控制方式有所不同。因此，单行程和连动的条件也相同，要求润滑系统工作且压力正常，即润滑油泵控制的输出继电器 Y0 和压力开关 X22 闭合（见图 9-9），单行程和连动的要求是中间继电器 M9 得电（条件 1）；主电动机的控制和变频器运转正常并且是正转，供给离合器的气压正常，即 M200、M100、X21 等继电器得电闭合，中间继电器 M10 得电（条件 2）。

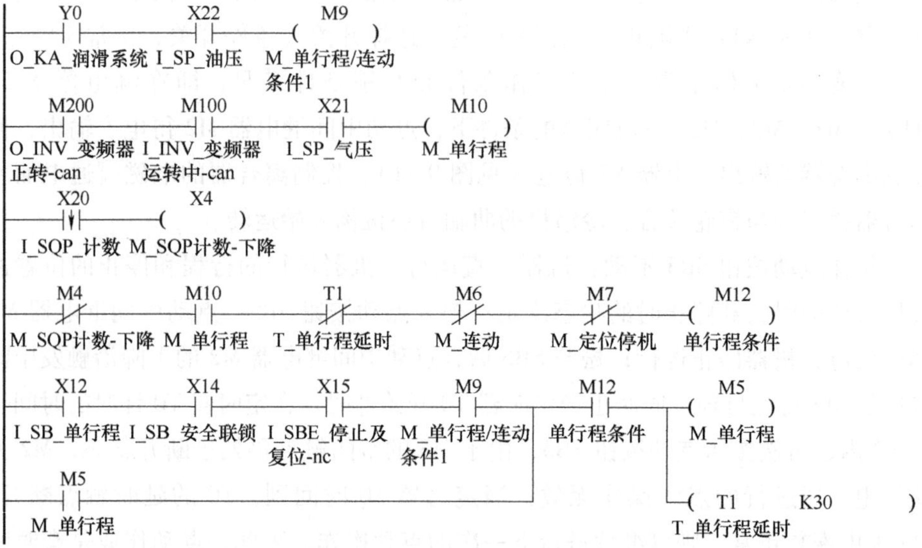

图 9-9　单行程控制梯形图

单行程和连动中的定位停机都应用生产计件的计数器 SQP1 计量状态信息，即计数器输入继电器 X20 信号的下降沿触发中间继电器 M4 得电。计数接近开关安装在飞轮侧面，感应块安装在飞轮的 0°位置上，作为行程起点的传感器，飞轮每旋转一圈，触发一次信号，计数器累计计数一次（触发信号是一脉冲信号）；利用计数信号的下降沿触发中间继电器 M4 得电。当要求定位停机时，机器继续连动计数，在计数结束，完成生产指标后，都要求 M4 得电；相反，若 M4 失电，则只能是在开始状态或完成后的停机状态。

单行程运行的条件是：运行条件满足 M10 得电，不是处于连动（互锁）状态（M6 闭合），计数器未计数状态（M4 闭合），也不是处于定位停机阶段（M7 和 T1 闭合）。当满足这些条件时，中间继电器 M12 得电。

当进行单行程控制时，同时按单行程按钮 SB6 和安全联锁按钮 SB8，相应的输入继电器 X12、X14 得电，在其他条件如停止/复位正常（继电器 X15 得电）及其他单行程运行条件满足（M9 和 M12 得电），单行程中间继电器 M5 得电自锁，定时器同时开始计时。同时 M5 信号使离合器输出继电器 Y3（见图 9-11）得电，使离合器接合运转。

当计数信号 X20 的下降沿触发中间继电器 M4 得电时，其动断触点断开而使 M5 失电，单行程运行结束。

定时器 T1 在单行程作业停止时延时计时，在计时时间段内，其动合触点断开，按压单行程按钮 SB6（X12）操作无效，M5 不会得电，机器不运转。时间超过 T1 的延时间隔才可再次进行单冲程试车。

9.4.4　连动和定位停机控制

图 9-10 所示为连动和定位停机控制梯形图。冷镦机连动的起动要求与单行程一样，是在润滑系统工作并且油压达到要求，保证机器的相对运动部件能够得到良好的润滑后，M9 得电（条件 1）；变频器和主电动机处于运行状态且处于正转条件下，同时压缩空气的气压正常，保证离合器提供足够的压紧力和转矩，能够承受足够的镦锻力而不至于打滑，M10 得电（条件 2）。

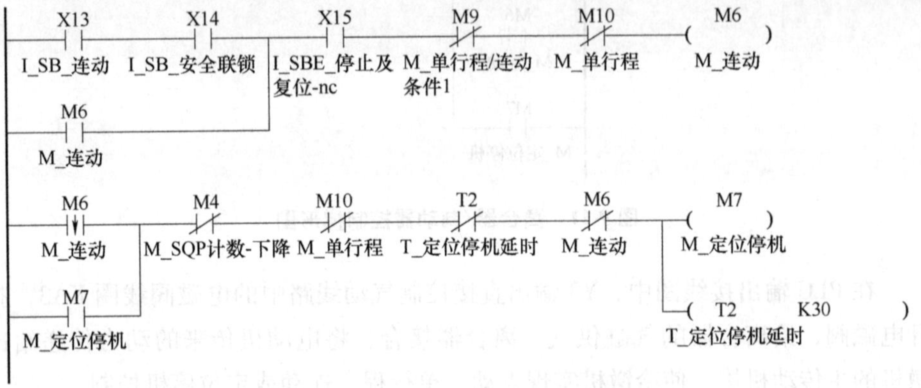

图 9-10　连动和定位停机控制梯形图

在满足运行条件（M9 和 M10 得电）和与单行程互锁条件（M12）的情况下，同时按下连动按钮 SB7 和安全联锁按钮 SB8，即输入继电器 X13 和 X14 得电，连续运动中间继电器 M6 得电自锁，冷镦机连动；当按下停止/复位按键（接常闭触点）SBE1 时（手动强制停止），输入继电器 X15 失电断开，同时 M6 失电，气动离合器被切断气源，机器停止运行。

当连动已停止，M6 失电，飞轮旁的计数器 SQP1 的位置传感器未接收到飞轮上的感应挡块信号时，M6 断电的下降沿触发定位停机中间继电器 M7 得电自锁，机器仍继续运行，同时定时器 T2 开始得电；当计数器 SQP1 的位置传感器接收到挡块信号时，其下降沿触发 M4 得电（见图 9-9），控制线路中的动断触点断开，定位停机继电器 M7 失电，制动器动作而实现定位停机。停机后，M7 失电的同时计时器 T2 延时计时，控制重新起动时间。

定时器 T2 计时的时间范围内，防止再次起动。

9.4.5 离合器/制动器控制

图 9-11 所示为离合器/制动器控制梯形图，由点动、单行程、连动和定位停机的中间继电器共同控制，只要其中的中间继电器 M2、M5、M6 或 M7 的任意一个得电，离合器输出继电器 Y3 得电；而失电时，则 Y3 失电。

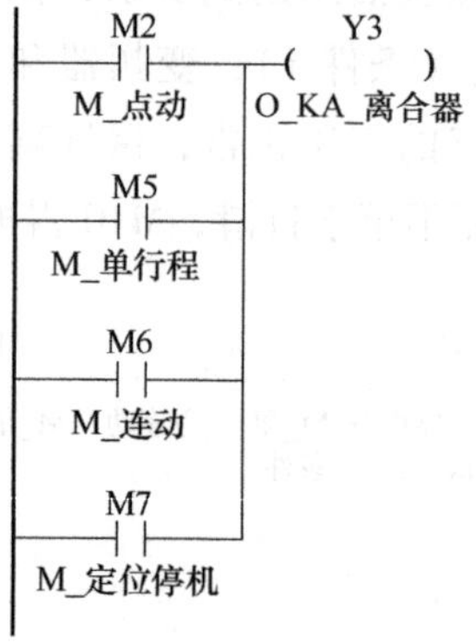

图 9-11 离合器/制动器控制梯形图

在 PLC 输出接线图中，Y3 输出直接控制气动线路中的电磁阀线圈 KA3，打开电磁阀，给离合器的气缸供气，离合器接合，将电动机传来的动力传递给冷镦机的主传动机构，使冷镦机实现点动、单行程、连动或定位停机控制。

9.4.6 运行操作

机器起动操作顺序如下：

1）打开电源开关（气压灯亮）。

2）起动主电动机。

3）打开润滑油泵。

4）打开冷却泵。

5）打开计数器功能开关。

6）打开短寸检测功能开关。

7）运转（同时按下黄色的安全按钮）。

操作注意事项如下：

1）检查气压供应是否正常（气压灯亮）。

2）检查主电动机选择开关是否处于正转状态。

3）打开润滑油泵和冷却泵后，要稍等 3min，使润滑油和冷却油充分流到所需润滑处后，再按运转按钮。

4）在按下运转按钮时需要同时按住安全按钮；点动和单行程的操作与起动相同。

机器关机操作顺序如下：

1）停止及复位。

2）关闭计数器功能开关。

3）关闭短寸检测功能开关。

4）关闭冷却泵。

5）关闭润滑油泵。

6）停止主电动机。

7）关闭电源开关（在电箱门上）。

第10章 冷镦设备的新技术和新工艺

10

为满足冷镦生产的要求，解决使用中的技术问题，提升产品的性能和质量，提高生产率和安全性，冷镦成形装备领域的新技术和新工艺的应用不断涌现。快速换模技术、驱动技术、状态监测和远程控制技术在先进的冷镦设备上得到实施，随着传感器技术和计算机技术的发展、设备可靠性和稳定性的提升，新技术的应用有逐步成为冷镦设备标配的趋势。

10.1 快速换模技术

在零部件的制造过程中，先前的连续大批量的生产模式正在发生转变，逐步朝着小批量的方向发展。冷镦成形企业在面对多品种小批量的市场需求时，自然需要从生产工艺、设备等环节挖掘潜力，节能提效，降低生产成本，提升企业在行业中的竞争力。反馈到冷镦设备上，需要在结构上适应用户的小批量、高质量、高效率的生产要求，减少冷镦生产过程中的准备时间和终结时间。

10.1.1 快速换模

冷镦机每个工位都设置一个定模和一个动模来使坯料成形，多工位冷镦机随着工位数的增多，其模具的数量也是成比例地增加。冷镦作业从一个产品转换为另一种产品时，需要将前面生产用的模具拆下，更换成待生产产品的模具，并进行调试、试镦直至达到加工要求。更换模具作业是在停机状态下进行的，据统计，冷镦机的平均换模时间在4~6h，而冷镦作业速度约为100件/min，换模时间每减少1h就能多生产数千件的产品，这对于小批量生产而言，数量非常可观。

标准件生产企业通常从换模工艺和冷镦机的换模结构两个方面挖掘快速换模的潜力，其核心思想是减少生产过程中的准备时间和终结时间。快速换模工作的重点是：与换模工艺有关的工艺文件是否详尽、清楚、合理；工艺装备是否齐全、高效；安装和调整是否方便、准确。

1. 快速换模工艺

快速换模工艺是从新旧模具的更换过程分析入手，通过分析更换模具的工作流程，寻求缩短换模时间。从传统机械制造工艺学中提高生产率的工艺途径的角度看，本质上就是减少中小批量生产中转换产品生产所需的准备时间和终结时间，应用了工业工程和管理中的精益生产理论。

在精益生产中，可以将换模时间定义为从前一品种最后一个合格产品，到下一品种第一个合格产品之间的时间间隔，这一阶段即拆卸上一产品生产所用的工装、模具，更换下一产品生产的工装、模具，并经调整、试镦，达到制造合格品的过程。从成本的角度分析，这部分时间是没有产出产品价值的时间，所以需要尽可能地缩短，以减少时间的浪费，提高经济效益。

冷镦机的换模工作可以分为 4 个阶段：准备阶段、换模操作阶段、调整阶段和现场清理阶段。快速换模的目标是减少停机的时间，并尽可能使停机的时间优化缩短。在这 4 个阶段中，换模操作阶段和调整阶段是在机器内部进行的操作，只能在机器停止运转的情况下进行（内换模），准备阶段（前外换模）和现场清理阶段（后外换模）尽量安排在机器正常运转的状态下同步进行操作（外换模）。

在机器停止状态下的内换模作业主要包括：移除留在机器中的工件（材料），拆卸生产使用的模具，清洁机器上与模具连接的安装面；安装新的模具，新模具的定位、调整和固定，放置新的工件（材料），调整顶杆长度，试模，首件检验等工作。内换模作业是快速换模工作的重点，核心是缩短在机器内部换模的停机时间。对换模作业流程和动作顺序进行优化，制定详细、科学的工艺文件；考虑操作人员和辅助人员的合理安排，选择和培养换模作业技能熟练、经验丰富的工人进行换模操作；交换模具、工具、检具位置的合理布置和摆放，完善辅助人员对模具、零件、工具、检具等的递送和交接安排，保证模具的拆卸、装配、调整等快速有序、准确无误；控制各环节的时间，减少无效操作，杜绝出现差错。操作人员更应优化操作工序，熟悉模具的拆装顺序，提高紧固和调整效率。

外换模作业与机器生产作业并行，虽然不影响机器停机的换模时间，但必须保证换模作业的高效。在准备阶段的作业内容，表面上是从模具库中寻找和提取待加工产品所需模具，从材料库中提取和吊装下一步作业待换的冷镦材料，而实际上要保证换模快速正确，需要对待用模具先针对精度、安装和配合要求等内容进行必要的检测、检验和分析，重点是查找模具是否存在因保管不当而引起的缺陷，模具与模座间的配合、调整是否存在问题等，发现问题及时修复。制定调整的技术方案，准备调整所用的完整的技术措施。不能在换模过程中发现问题后再进行修复、修磨、配制等辅助加工。要认真规划换模过程中准备使用的各种工具、量具、检具及辅助吊装装备等。所用物件都要运送到机器附近、换模操作合适的位置，并按选用的时间顺序有序排列，方便取用；对于结构相似容易混淆的物品，应事先做好标记，避免出错。换模调试结束后，清理现场，对更换下来的模具进行清洗、检查和必要的防锈防护处理，送入模具库保存，使用过的工具、量具、检具等送回原处保存。外换模作业也应像内换模作业一样进行优化，提高工作效率，减少不必要的无效劳动。

2. 快速换模结构

快速换模工艺只是从换模工艺流程的角度进行优化，提高换模效率，节省换模时间，这对不同结构的冷镦机都能适用。为了进一步实现快速换模，应在冷镦机上对机器结构和模具的安装连接方式进行相应的改进，适应快速换模的要求，进一步缩短换模时间。

从结构的角度提高换模的速度，涉及模具的安装方式和模具的结构，这要从冷镦机结构和相应的模具形式两方面共同解决，实现模具产品的标准化和模块化技术方案，重点内容如下。

（1）模具安装的标准化。同一规格的冷镦机在加工一定范围内的紧固件产品时，无论加工产品的形状、大小如何变化，只改变产品成形模腔部分的结构。所有模具的外形、尺寸和连接方式都能统一，采用标准化结构，则换模作业显得简单方便，节省换模过程中的调整时间，就会节省换模作业时间。

模具安装的标准化就是从冷镦机提供的模座到用于不同产品加工的模具，其安装外形实现标准化，当转换产品时直接取出正在生产产品的模具，换上待生产产品的模具，必要的调整件配套、配对，减少了其他辅助时间。

（2）提高模具的制造和定位精度。标准化的模具外形可以使模具在模座内快速定位，保证模具的正确安装，需要在模具加工上提高精度，才能确保成形部分的安装精度。冷镦机的动模和定模外形通常是一个圆柱形结构，外表面在模座的孔内安装定位，通常由模具的外圆柱面定心定位，限制了4个自由度，端面限制1个自由度，紧定螺钉限制周向的转动自由度，保证模具外形尺寸精度与模座孔配合精度，从而保证了模具的安装精度和安装的正确性。

冷镦模具通常由模芯和模套组成，模芯由高强度、高硬度的模具钢材料制造，然后镶嵌在模套内，保证成形的模芯（中心）与模套外圆（与模座的安装定位面）之间的位置精度，直接减少模具安装调整时间，有利于节省换模时间。

（3）连接锁紧结构。通常情况下，在手动换模操作中，模具的连接固定通过螺纹连接来实现，拆下及安装模具时耗费的时间较长，效率低，工人的劳动强度大，不利于快速换模的实现。

为满足快速换模的要求，在手动夹紧中，将普通的螺纹连接结构换成快速螺纹夹紧机构，如采用钩形夹紧机构、压板压紧机构等快速机构，在满足所需的夹紧力和保证在机器运行过程中的防松要求的前提下，减小旋紧行程是提高快速换模效率的有效途径。在旋紧过程中采用电动或气动旋紧工具代替手动旋紧工具，也能有效提高旋紧效率。

在工作环境许可的条件下（如在定模的更换中），将螺栓等螺纹固定连接方式更改为液压和气动的连接固定，利用气缸或液压缸的压紧，则大大减少了更换模具的拆卸和安装时间，也有利于提高压紧的可靠性。这在大型机上的效率提升作用更加明显。

10.1.2　离线换模

快速换模的要求是提高换模的速度，在多工位冷镦机中，模具数量多，即使减少每个模具的更换时间，逐一更换模具的整体换模时间仍然较长，而且换模时动模离开定模的距离是曲轴半径的2倍，尽管夹钳系统可以翻转，留出了部分空间，但换模操作空间依然狭窄，工作条件非常不利，影响换模效率和增加换模操作的难度。为进一步提高换模速度，冷镦机上的离线换模技术应运而生。顾名思义，离线换模是将在机器上的模具组件整体卸下，离开机器原有的位置，移动到机器的外部（离开生产线）；而在外部的待装模具在操作台上装配调整好并形成模具组件，移动到冷镦机上进行安装固定。与快速换模比较，离线换模具有以下特点。

1）快速换模重点考虑的是节省单个模具的换模时间，离线换模是节省整套模具的换模时间，工位数越多，节省的时间也越多；离线换模的换模时间取决于原有模具拆下吊离机器及新模具吊入机器和连接固定的时间。

2）快速换模是在机器上进行，安装模具的模座等仍在机器上不动；离线换模则使模具连同安装模具用的模座及其安装板一起整体脱离机器。换模作业是在机器外的操作台上进行，空间大，操作自如。

3）快速换模的动、定模对中调整是在机器内进行的，而离线换模各工位的动、定模对中调整则是在操作台上完成，在合模条件下直接在冷镦机上固定安装。因此，离线换模的操作台要满足各工位的模具调整工作和精度要求。

4）快速换模中的模具和模座的结构及连接的高效要求，成为离线换模中模具连接板结构连接的技术方案。离线换模要在连接板上重点考虑动模具与滑块、定模具与床身间的精确定位、快速连接。

因此，对多工位冷镦机实现离线快速换模应具有下列功能。

（1）模具组件的集成化。实现动模组件、定模组件能整体吊离和放入冷镦机的相应部位，离线换模应把多套模具组件集成到一块固定连接板上，不影响各组件间的精度，也不减少其功能。离线快速换模需要配备两套模具连接板和模具座，用于安装生产前后的两套模具，在机器外安装调整好待生产的模具组件，换模时将生产完成的模具组件整体吊离机器，然后将调整完成的待加工模具组件整体吊入机器中并正确定位和紧固。

（2）机外模具组装功能化。机外模具的组装、调整是换模的准备工作，与机器生产并行，切实地减少了换模时间。机外模具组装、调整是在机外的工作台上进行，该工作台应满足模具需要的调整精度要求，使前后使用的两套模具组件在模具连接板的定位，动、定模具之间的对中精度，各模具之间及各模具相对于定位基准之间具有相同的精度要求和一致性。机外调整工作台应具有类似机内模具支承、调整、对中的功能。

（3）模组的快速拆卸和定位的准确性。动模组安装在冷镦机的滑块上、定模组安装在冷镦机的床身前部，模组的快速拆卸要求是采用快速夹紧机构，消除连接件对模组的连接固定的作用力，留出一定的间隙后，就能够将模组吊离机器，同时新吊入的模组也能进行快速连接和固定的操作。

动模组相对于滑块的位置、定模组相对于床身的位置由定位元件来保证，安装后的结果必须要保证对应动、定模之间的同轴度要求，否则机器不能正常工作，定位的准确性要结合滑块与滑台之间的运动间隙、安装误差等实际因素进行适当调整，从而满足加工要求。

10.1.3 换模机械手及换模设备

目前我国冷镦机换模技术研究和应用处于初步阶段，有关论文和专利屈指可数，与发达国家比较还存在着巨大差距。发达国家为构建技术壁垒，国际先进企业在我国投资建厂时，即使是基本的换模技术也不对我国开放。

冷镦机换模技术有自动化和半自动化两种技术方案；换模的形式也有快速换模（只更换模具）和离线换模（移出动模组件和定模组件进行更换）两种。

（1）自动化换模技术：为冷镦机配置自动化模具库，相当于数控机床的刀具库，模具的选择和整个换模工作由程序控制，无须任何人工参与，由换模机械手取出模具换装待加工模具，换模时间较短。

（2）半自动化换模技术：借助模具搬运设备和机构，提高模具搬运的方便性和可靠性，人工参与对模具的松开、紧固和调整；可用于各个工位的动、定模的换模作业，也可用于离线换模作业。

由于冷镦机的模具重量较大、使用的模具品种多，并且每套模具的数量与冷镦机的工位数相匹配，整个模具零件数量多，配备的模具库庞大，自动化换模技术受应用的适应性和经济性的限制，应用前景并不明朗，相比之下，半自动化换模技术在先进冷镦机生产企业得到普遍的重视和应用。

在自动化和半自动化换模中使用的模具搬运装备普遍使用机械手（机器人）。机械手换模技术是将机械手安装在冷镦的指定部位，按冷镦机的工位位置，编制点到点的换模动作程序，先将使用后的模具取出，放到机器旁的指定位置，然后抓取待加工的模具并放入拆除模具的位置上，按设定的程序逐个更换模具。

换模机械手的整体结构与通用机械手并无太大区别，主要的结构型式有直角坐标式和圆柱坐标式。换模机械手的结构设计关键是抓取模具手爪的设计和选择，要满足模具抓取的直径、重量的要求。单一模具重量从数千克到数百千克，换模机械手要求抓取重量大，则自身的结构大，成本高，配套冷镦机使用时利用率低；作为生产企业通用的换模搬运工具使用，换模机械手的移动和位置找正（与原设定程序对应）费时，技术优势不明显。

半自动换模的搬运装置更多的是使用企业配备的吊车配合专用的模具吊装机构，更能体现其经济性和效率。换模机械手的换模编程、操作和调试需要专人负责，专业性强、控制精度要求高；熟悉吊车操作的人多，通用性好，而吊离模具的距离也可远近调节，比较灵活，在吊装速度上的差别不大，吊车吊装的优势明显。

换模所用的专用吊具（见图 10-1）要适应模具的结构要求，保证吊装的稳定和可靠，不能滑脱而造成事故，必要时改变模具或在模具上设置合理的吊装结构来实现；在注意操作安全的情况下，使用简易吊具吊装模组（见图 10-2）是一种比较实用的吊装技术。

凹模座吊装起来的状态

图 10-1　模具吊装和专用吊具

图 10-2　简易吊具吊装模组

吊车吊装模具存在的主要问题是吊装是柔性的，模具或模具组件在吊装过程中容易产生晃动，可能会造成模具与冷镦机主要部分之间的碰擦和撞击，稍不注意则会造成机器或模具的损伤。因此，通常在要吊装的模具或模具组件所在的冷镦机上设置模具或模座的推出和升降机构（见图 10-3），将模具或模具组件置于安全的位置后，再进行吊装作业。

冷镦机在变换生产产品时，不仅要更换模具，同时还要更换送料轮、校直轮等，快速换模时，同时得考虑这些结构的更换时间。这些零部件的快速更换技术方案与快速换模相同，采用的搬运装置也可选择机械手、吊车和专用吊具等。

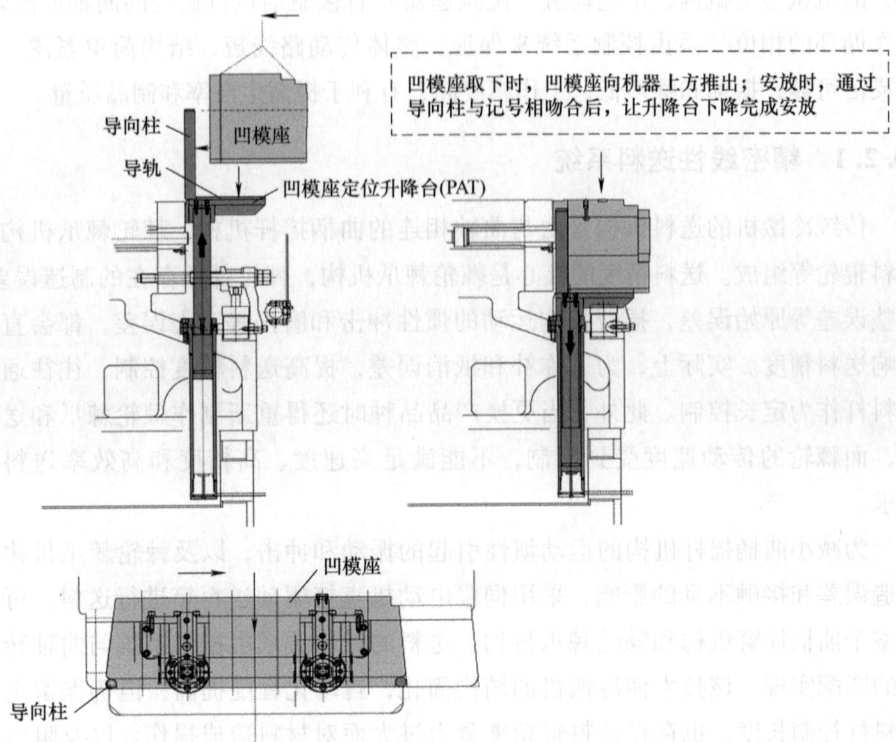

图 10-3　模具组件（模架）升降机构

10.2　分散驱动和控制技术

冷镦机各部分需要协调动作的动力源是由同一部件——曲轴输出，通过曲柄（偏心轮或凸轮）连杆机构分流到各个传动部分，与曲轴运动相连接的不同功能的连杆机构或凸轮机构从床身的后端传到前端，实现镦锻过程中的送料、坯料在工位间的传递、剪切、定模顶料等作业。这种动力传递结构简单、关系清晰，可实现远距离动作，但连杆的平面运动会引起较大的振动和冲击，运动精度低、平稳性差，从而影响制品质量。为此，有些冷镦机主传动的前端采用齿轮传动或链（同步带）传动，后端采用曲轴或凸轮传动，代替粗、长连杆的长距离传递动力，以减小整体的振动状态，提高运行的平稳性。

新型的传动技术多朝着各部分分散独立驱动和控制的方式发展，去除中间部分的机械传动机构，由电动机（配减速器）直接驱动执行机构的曲轴或凸轮，工作循环的相位关系由控制系统来保证，整体传动路线短，结构简单紧凑，工作灵活可靠，振动和噪声低，工作精度高，有利于提高生产率和制品质量。

10.2.1 精密线性送料系统

传统冷镦机的送料机构是由与曲轴相连的曲柄摇杆机构、棘轮棘爪机构和送料辊轮等组成。送料精度的核心是棘轮棘爪机构，棘轮棘爪存在的制造误差、调整误差等原始误差，摇臂机构运动的惯性冲击和磨损等动态误差，都会直接影响送料精度。实际上，为了弥补和抵消误差，提高送料精度控制，往往通过挡料杆作为定长控制。此外，当更换产品品种时还得重新制作棘轮棘爪和送料轮，而棘轮的传动速度受到限制，不能满足高速度、高精度和高效率送料的要求。

为减小曲柄摇杆机构的运动惯性引起的振动和冲击，以及棘轮棘爪机构的制造误差和接触不良的影响，采用伺服电动机直接驱动送料箱进行送料，可取消整个曲柄摇臂机构和棘轮棘爪机构，送料的相位关系由控制系统与曲轴转角间的匹配实现。该技术使冷镦机的结构简化，自动化程度提高，但仍保留定长挡料杆控制长度，也存在送料辊轮夹紧力过大而对材料造成损伤，以及阻力太大而摩擦力不足产生滑动的状态。

精密线性送料系统替代了由曲柄摇杆、辊轮和棘轮棘爪组成的传统送料机构，也无须定长挡料的挡料杆结构。它可以采用由伺服电动机驱动滚珠丝杠，丝杠上的螺母带动滑台在导轨（线性导轨或导杆）上滑动，安装在滑台上的液压夹钳夹紧坯料随滑台一起移动的线性送料机构；在滑台的固定端位置设置固定夹钳，当固定夹钳松开时，移动夹钳夹紧坯料进行送进，其移动长度就是控制的送料长度，送料结束后固定夹钳夹紧（也可在切断后夹紧），送进的材料被切断后，送料夹钳退回原处，等待下一次送料。用夹钳机构代替两送料轮间的压紧摩擦轮机构传送线材，具有夹钳机构的夹紧力调节方便且是上下动作，不会对材料造成损伤；采用精密线性送料系统，不需要挡料杆，也不会在材料切断时被压紧在挡料杆上而发生损伤。移动夹钳和固定夹钳的位置也可根据机型的配置互换安装，以提高传递精度和夹持剪切线材可靠精确为目标。精密线性送料系统的传动原理如图 10-4 所示。

线性送料机构的传送精度取决于最后传动环节的丝杠精度，采用双螺母消隙后，其运动精度可达到 μm 级，保证送料精度；固定夹钳夹紧有力，进一步保

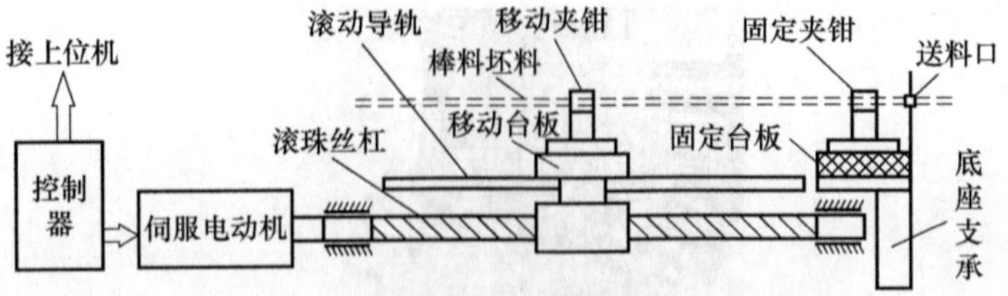

图 10-4　精密线性送料系统的传动原理

证剪切的可靠和稳定；夹钳的开度大小可适当增大，一套夹钳可设计成适用于冷镦机规定范围内的各规格线材的夹持，不同于辊轮送料机构随线材直径大小更换辊轮，具有良好的适应性。因此，线性送料机构的切料精度高、稳定性好、适应性强，同时具有传动路线短、结构紧凑和工作平稳的优点，可避免传统送料机构中的制动器故障对送料精度的影响和更换送料轮等辅助作业。

图 10-5 所示为美国 National Machinery 公司的精密线性送料机构，主要应用多个凸轮机构实现线性送料，凸轮的动力来自曲轴。凸轮的升程夹紧运动夹钳，送料凸轮推动摆杆和摇臂，摇臂推动运动夹钳直线移动，其移动行程通过调整摆杆与摇臂的相对位置改变。当送料完成时，由机械机构驱动左边的固定夹钳动作，夹紧送进的材料，运动夹钳松开退回，准备下一循环。图 10-6 所示为日本阪村机械制作所的夹钳机构，两夹钳的夹紧由液压（气）缸推动双面楔块作为动力，使钳板转动夹紧或松开。

图 10-5　美国 National Machinery 公司的精密线性送料机构

对于仅考虑提高送料精度的场合，在不改变送料机构的条件下，材料定长挡料机构的调整可采用伺服电动机驱动挡料杆（见图 10-7），快速调节挡料杆的伸出长度，可在加工螺栓的过程中，更方便地连续生产同一公称直径、不同杆长的螺栓零件。

10.2.2　坯料夹钳传送系统

传统的螺栓机和螺母机在各工位间的夹钳传输运动，是钳板在驱动凸轮的牵引下，借助平行四杆机构往复摆动，夹持坯料进行传输，运动轨迹是弧形（见图 10-8a）。该传动形式结构简单，但在夹持坯料的快速运动过程中，在加减

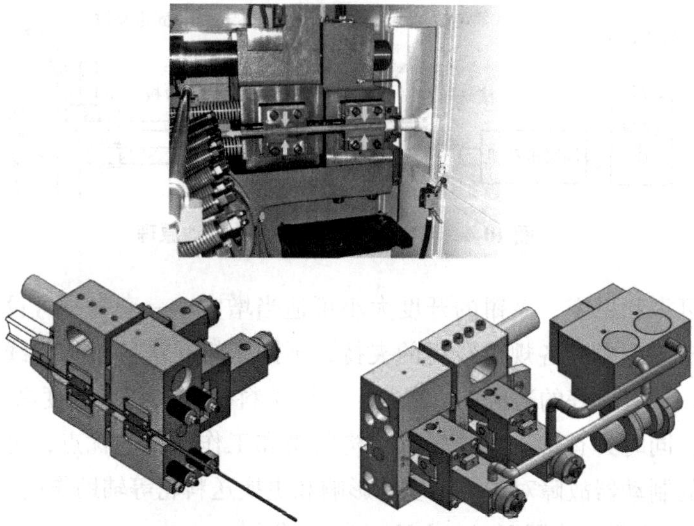

图 10-6　日本阪村机械制作所的夹钳机构

图 10-7　伺服电动机驱动挡料杆

速产生的惯性力及圆弧运动产生的离心力的共同作用下，夹持传递的精度、可靠性和稳定性会受到影响，尤其是对于大规格、大重量、形状复杂的零件，容易失稳和跌落。

将两个相邻工位之间的圆弧运动还原为直线运动（见图 10-8b），缩短了运动行程，减小了圆弧轨迹的运动范围，扩大了坯料的可运动区域，有利于传递更长的坯料。直线运动要求的是使钳板做直线运动，取消原有的摇臂机构；直线运动可以由原有的凸轮机构驱动，也可以由电动机独立驱动（与曲轴的相位在控制上匹配）；直线运动时要改变夹钳的张开和夹紧方式，由凸轮控制传动结构复杂，采用直线夹钳传输的夹钳动作直接由气缸（液压缸）控制松开和夹紧，控制灵活，工作可靠，实现夹持-移动-放置过程的合理配置。图 10-9 所示是美国 National Machinery 公司采用的直线移动夹钳机构。

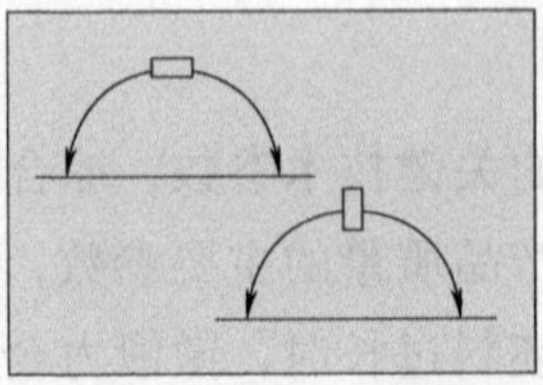

a) 通用型/螺母机传送装置

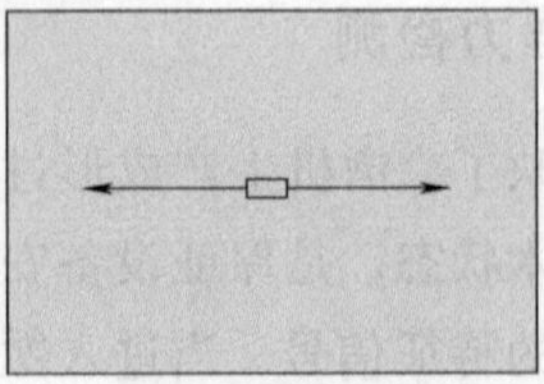

b) 螺栓机/直线传送装置

图 10-8　夹钳传送轨迹

图 10-9　直线移动夹钳机构

10.2.3　其他机构的直接驱动和控制

材料的剪切机构和模具的顶出机构等采用凸轮驱动的部分都可用伺服电动机直接驱动，以获得更高的工作质量。例如，提高剪切速度或采用冲击剪切有利于减小剪切力并使坯料的切口表面质量更好。

图 10-10 所示为伺服电动机驱动的定模前顶杆调节机构，即应用伺服电动机通过齿轮和链轮驱动牙管调节定模前顶杆的工作行程。

图 10-10　伺服电动机驱动的定模前顶杆调节机构

在有些场合可采用电子凸轮进行驱动，借助软件改变凸轮的工作行程、作业范围、速度和加速度等技术参数以适应不同的工作条件，获得更合理的制品质量参数。

10.3 工作状态监测、分析和处理

冷镦机的工作状态监测的内容很多，这里选择主要内容进行介绍。

10.3.1 镦锻力检测

镦锻力反映了冷镦机生产成形过程中的关键技术参数，综合表示成形中产品的质量和技术状态，是保证设备安全和产品质量的主要参数，是冷镦机生产过程状态监控的特征信号。当进入镦锻的坯料过长时，镦锻力会增大，可能会引起制品产生毛刺等缺陷，严重时会损坏机器和模具；当坯料过短或毛坯内部组织存在缺陷时，镦锻件充填不足，镦锻力减小。另外，当模具产生磨损时也会使镦锻力产生变化，使制成的成品精度超差，模具过度磨损时会产生废品；当冷镦过程中的模具与工件缺损、偏斜等引起产品质量问题的同时，甚至会损及设备和装备。

在设备上使用广泛的力检测传感器主要是电阻应变式、压阻式和压电式力传感器。电阻应变式力传感器是利用应变电阻效应工作，将材料的弹性应变（变形）转化为电阻的变化，检测中需要弹性元件先将镦锻力转化为弹性元件上的应变，通过粘贴在弹性元件上的应变片感受其应变而转化为电阻的变化量，并由电桥电路调制成电压量输出，使输出电压与应变（力）成正比。在应变测力系统中，弹性元件的力-应变关系影响到测量的精度和灵敏度，同时，测量弹性变形要求引入的弹性元件降低了系统的刚性，影响镦锻的质量。压阻式力传感器是利用压阻效应工作，将压力转化为电阻量输出，传感器材质脆性大、线性度差。压电式力传感器的工作原理是利用压电晶体（材料）的压电效应，当在压电晶体上施加力时，压电晶体的表面被极化产生电荷，形成电场，表面的电荷量与作用力的大小成正比，在压电式测量电路中需要将电荷量通过调理电路处理并转换成电压量或电荷量输出，信号调理有电荷放大器和电压放大器两种处理方式。

从力测量信号的大小和频率分析，这些传感器都能满足测量要求，在冷镦机的力测量中都有应用。应变测量需要弹性元件增强输出信号，提高测量精度，而冷镦机在镦锻中与模具相连的结构要求有更好的刚度才能保证足够高的成形质量，二者难以统一；常用的压电晶体和压电陶瓷材料质地比较脆，抗冲击能

力差，不适合在冷镦强冲击力的环境下使用；偏聚二氟乙烯（PVDF）压电膜是一种新型的压电材料，具有较高的化学稳定性，以及耐冲击、耐疲劳能力强等先进性能，同时具有测量范围宽、动态性能好、承载力大的优点，非常适合用作冷镦机等冲击场合的力测量，满足冷镦机的高刚度和检测信号的高灵敏度要求，并且不需要中间件传递，可以直接安装在受力位置。

冷镦机的镦锻力测量传感器通常安装在定模的垫片上，承接由定模传来的镦锻力。按照在定模垫片的安装面积和位置、顶杆孔的大小，以及测量灵敏度和精度要求，制成圆环形结构固连在定模垫片上，并加工出相应的布线通路，用屏蔽线连接压电膜传感器输出电信号。压电膜传感器是一种无源传感器，不需要传感器电源，屏蔽线输出的是电荷量，导线长度不影响电荷的变化，不存在信号衰减问题，可获得较高的测量精度。

镦锻力测量传感器的数量可根据测量的要求确定，为了实现精确控制，可以在每个定模上安装一个传感器，感受各工位的受力变化，最后工位的受力情况十分关键，直接关系到生产产品的质量。在检测要求不严格的场合下，仅在最后工位安装测力传感器，同时作为产品质量检测的依据。当镦锻过程测得的压力在变化范围内时，生产的产品被认为是合格品；当测得压力在认定的压力范围之外时，产品被当作不合格品处理，由分选机构分别送入成品箱和废品箱内。

10.3.2　温度检测

冷镦机长时间、连续、大负载工作时，相对运动表面产生的摩擦、发热积聚，温度升高，使运动件间膨胀，配合间隙变小，严重时会使运动恶化，造成咬死等事故，检测运动部位的温度，保证其处于正常的温度区间，是保证制品质量和设备安全运行的关键。

冷镦机的温度测量方法有接触式和非接触式测量。接触式测量是测温传感器与被测对象直接接触，热交换充分，测量结果可靠、稳定；非接触式测量是通过辐射进行热交换，不与被测对象接触。冷镦机与床身之间的运动件的温度测量通常以接触式测量为主，如曲轴、主轴等的主轴承温度的测量以接触式测量为主，而处于滑台上的连杆轴承处的温度测量，若采用直接测量会因信号传输布置困难或运动时的数据线晃动而影响采集质量，故采用非接触式测量。

冷镦机各部位的温度并不高，属于低温测量范围，各种温度传感器都可使用。常用的温度测量传感器是热电阻和热电偶，它们的工作原理不同，因而对后续调理电路的要求也不同。热电阻传感器是将温度的变化转换为电阻的变化，热电阻传感器又分为（金属）热电阻和热敏电阻（半导体热电阻）两大类，使用广泛的是热敏电阻，尤其是负温度系数的热敏电阻应用更为普遍，其结构简单、体积小、寿命长、灵敏度高，适用于动态测量和远程控制，但非线性严重。热电偶是将温度变化转换为热电势变化。

工作部位的温度变化是一个缓慢的过程，摩擦热经积聚、传递、扩散和平衡后，逐步使温度升高。对温度没有必要进行连续的检测并显示处理，可采用巡回检测，即在多点布置温度传感器测量温度，采用一套（或较少的几套）调理电路和信号处理软件，轮流接入测点的温度信号，进行处理、显示和报警，合理应用测试系统资源，节约成本。

10.3.3 角度和位置检测

冷镦机的滑台移动与曲轴（丝杠）转角存在定量联系，检测过程中选择角度测量还是位移测量决定了采用半闭环控制还是闭环控制。角度检测传感器安装在曲轴或丝杠（电动机）的轴端，测量轴的转角，可间接获得由轴驱动和连接的运动件的位移；位置检测传感器测得的是位移量，常安装在滑台的侧面，直接测量滑台的位移量。

在冷镦机的角度和位移测量需要显示实际数据，宜选择绝对式传感器，其初级的敏感元件都是提供微弱的模拟电量，作为产品的传感器按其配套的调理电路不同，其输出信号可以是数字式或模拟式，数字式传感器直接显示数字，使用方便；模拟式传感器还需要接调理电路并进行模/数（A/D）转换处理。常用的数字式传感器有编码尺和编码盘，模拟式传感器有直线式感应同步器、圆感应同步器和旋转变压器等。

10.3.4 图像检测

图像检测所用的传感器称为感光元件，是一种利用光电效应将光学图像转换成电子信号的器件，应用比较广泛的有互补金属氧化物半导体元件（CMOS）和电荷耦合器件（CCD）两种。CCD的技术比较成熟，CMOS近年得到迅速发展，大有后来居上之势。

CMOS的光电信息转换功能与CCD的基本相似，区别就在于这两种传感器光电转换后信息传送的方式不同。CCD的最大优点在于成像质量高，而CMOS的最大优点就在于成本低，便于批量生产。在模拟摄像机及标清网络摄像机中，

CCD 的使用最为广泛，高清监控摄像机则普遍采用 CMOS。

感光元件将感应到的图像信号转化为微弱的电荷信号，需要通过调理电路进行放大并转换为合适的电压信号，输出的是模拟量。由图像检测元件制成的工业相机等摄像器件已在图像信号转化为电信号的基础上进行调理，可以输出模拟量和数字量，直接选择合适的器件配套使用，能保证使用的质量和速度要求。

摄像机等图像检测器件往往配备了声音传感器，同步检测图像和声音。在冷镦机的床身侧面安装摄像机可直接获取模具的工作状态和镦锻时的声音，根据所得信息观察滑台的运行情况和模具挤压镦锻过程中发出的声音变化，直接判断运行状态是否正常，进而结合模具的受力信号进行详细识别。

摄像机还可以安装在工作机周边，用来观察外部状态和仪表显示情况，对远程监测非常有利，保证机器运行和周边安全，提醒人与物的移动，避免进入危险区域。

10.3.5　信号调理放大和采样

传感器的作用是将机械量（力、位移、角度、温度等）转换成电量，因所应用的传感器的工作原理和转换效应不同，输出的电量形式也不一样，有些是输出电阻（应变式、热阻式），有些是电荷（压电式）、有些是电压（热电偶、感应同步器、旋转变压器）。当用于控制系统时，这些电信号需要调制处理，大多情况下是使之成为电压信号。同时，传感器直接输出的电信号非常微弱，为便于观察和采样、提高信噪比、抗干扰、防衰减和非线性补偿，将信号放大到便于识别、处理和显示的信号峰值。

传感器检测并转换得到的电信号是模拟信号，而不是数字信号，通常需要通过 A/D 转换将模拟信号转换成数字信号，取得的数据要能以最少的数据量真实地反映整个过程的变化，按采样定律获取必要的数据，有利于保存、显示和处理。

在应用过程中，检测系统的设计和选择，要结合 PLC 等控制系统的功能，在保证检测系统精度、可靠性和稳定性的前提下，尽可能选择对环境要求低、维护方便、精度校准便捷、具有数字输出功能的系统，实现测试系统的完整性。

10.3.6　状态分析和处理

冷镦机技术状态的检测是从关键位置获得系统的在线实时工作情况，提供大量表达工作状态的信息，反映了现时正常和异常的信息，其中大量信息是与异常无关的信息。

冷镦机正常工作时的状态信息，一般地说，有些参数需要经过一段时间进入相对稳定的过程，如温度信息，开始时的工作点温度接近于环境温度，随着工作的继续，温度逐步升高，最后达到热平衡后，温度趋于一个稳定值；有些参数是工作参数，从开始到连续工作，其数值基本处于同一水平，没有太大的变化，如检测的镦锻力、行程和角度等技术参数。实际检测的数值也会有一些波动，这是正常情况。以镦锻为例，剪切坯料的自身质量（如长度和直径）存在误差，或者是各段材料材质性质不完全一致等因素，引起各工位镦锻力大小、行程位移的一些波动；同一台设备在加工不同的零件时也有变化，所用的镦锻力大小也不一样，这种状态信息的波动属于正常工作时的变动范围。

当工作正常时，测得状态数值有波动；当工作状态发生异常情况时，状态信息也有波动，显然异常时的波动要大得多。对于正常波动与异常波动的界限设定，既要保证机器工作连续高效，制品质量可靠稳定，又要使机器安全可靠，不应带病工作、造成重大损失或事故。正常工作波动范围的确定，是一个复杂的、多因素综合分析的问题，即使是同一品种机器，由于装配质量、生产产品、使用环境等不同，也会有不同的数据，需要在理论的指导下，结合生产工作经验，合理地分析确定。

为了确定正常工作的范围，首先是拟定生产条件下的工作平均值，不同的参数用不同的方法、从不同的渠道取得，轴承的温度根据设备的工作条件、轴承结构和材料等确定；镦锻力的参数受模具结构、材料变形等因素影响，可通过计算数据结合现场试制获得的原始数值，确定其负载平均值和标准差，作为确定正常工作的状态参数。其次是确定工作范围，一是借助理论计算、工作经验和第三方数据来确定，二是通过必要的试验获得，如镦锻力确定可选择影响制品质量的最大坯料长度和最小坯料长度进行试验，获得其镦锻力大小，作为正常工作区域的界限数据。对于关系到机器和模具安全的，要以镦锻力数据为依据，并留有一定的安全裕量。正常工作范围设置主要包括平均值、上限制线和下限制线。

理论上，当检测到状态参数超过限制值时，应及时报警，并采取相应的必要技术措施，保证生产的安全；报警是必需的，具体措施应结合实际情况而定，偶尔的异常可能与生产过程出现的某些因素有关，频繁的报警有时是设置的限制值过于严格，也可能是设备状态出现问题，要查明情况。报警的同时是否立即停机需要慎重考虑，要结合长期的实践经验来分析确定。

10.4 远程操控技术

PLC 自身的控制模块，具有整个控制过程的全部输入/输出（I/O）信息，增加模拟量输入模块和输出模块，可以得到冷镦机工作时的各种信息量，实现输入、输出和控制。模拟量输入模块可以接收来自压力、位移和温度测量等电压、电流形式电信号的状态信息，通过光电隔离电路输入并转化（A/D 转换）为数字量进行储存和处理；模拟量输出模块则通过 D/A 转换将来自系统中的数字量还原为模拟量，实现对设备的运行控制。

单机 PLC 保存系统的控制和状态信息，在系统内可以通过专用通信模块上传到控制的上位机（计算机），也可以在生产线的各组成机器之间交换信息。计算机通过通信进行编程和 PLC 的控制管理，读取数据存储区内的数据，进行数据转存及具体的监控状态信息的处理和分析。一台计算机可以对多台 PLC 进行管控，一台 PLC 也可以与多台计算机或多台 PLC 进行通信和交换信息。

图 10-11 所示为日本阪村机械制作所网站介绍的冷镦机远程监视系统组成。该系统图表示，构成机器控制的 PLC 之间可相互交换和传递数据信息，这些信息经由上位机基于使用 PLC 控制的数据管理系统传递，由上位机经虚拟专用网络（VPN）服务器传送到远程的监视中心。VPN 设有端到端的专用通信网络，这种专用通信网络是采用现有的公用网络，利用隧道协议，先对要传递的信息进行加密，再使用公用网络进行传递，接收端接收后对该信息反向解密，获得安全、可靠、完整的控制和检测等技术信息。

在公共网络上采用隧道技术、加解密技术、密钥技术等，建立信号传输的（虚拟）专用网络，进行加密通信，真正实现公共网络数据传输的“专用性”和安全性，在企业网络中得到广泛应用。VPN 网关通过对数据包的加密和数据包目标地址的转换实现远程访问。VPN 可通过服务器、硬件、软件等多种方式实现。

VPN 为远程办公（群体远程办公和个体远程办公）提供强大的物理链接，为相互间的信息交换构建快速、高效的沟通平台。目前，有关研究机构采用无线通信技术传递设备的状态信息。

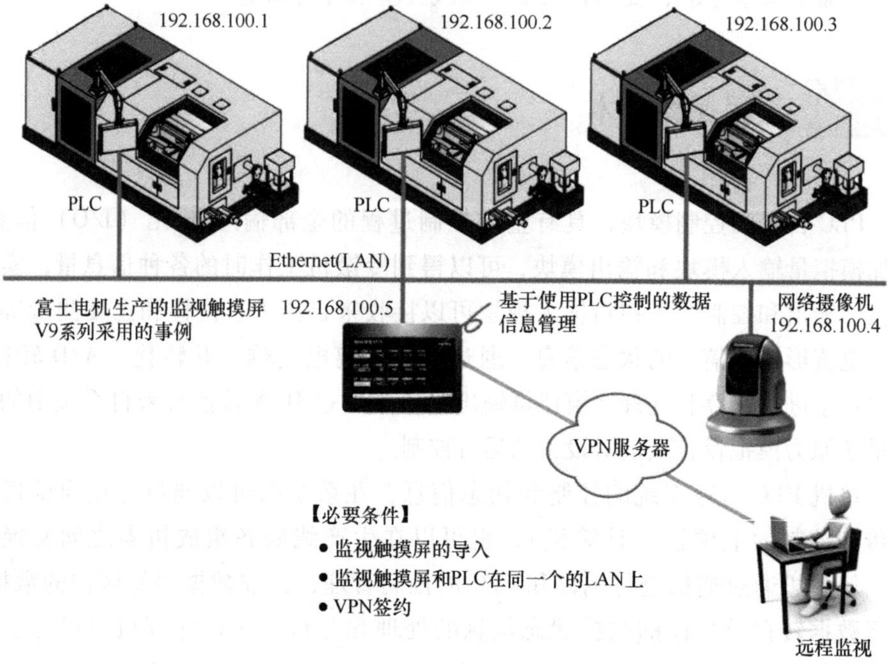

图 10-11　远程监视系统组成

附录

思进智能成形装备股份有限公司及相关产品简介

思进智能成形装备股份有限公司（简称思进智能，股票代码为“003025”）是A股冷成形装备制造行业的上市公司，主要从事多工位高速自动冷成形装备和压铸设备的研发、制造与销售，是一家致力于提升我国冷成形装备技术水平、推动冷成形工艺发展进步、实现紧固件及异形零件产业升级的高新技术企业。

思进智能秉持精益求精的工匠精神，培养了一批敬业、精准、具有创新意识的技术人才，经过多年持续不断的技术创新，掌握了多工位高速自动冷成形装备和压铸设备的系列核心技术，并发展成为国内先进的多工位高速自动冷成形装备供应商。目前，思进智能拥有SJBF系列多工位自动冷成形装备、SJBP系列零件多工位自动冷成形装备、SJNF系列多工位自动冷成形装备、SJNP系列特殊零件多工位自动冷镦复合成形装备、SJPF系列特殊零件多工位自动冷镦复合成形装备五大系列160余种规格的冷成形装备和SJ、DCM系列的40余种压铸设备。

思进智能核心技术主要来源于自主研发，为了及时把握行业发展方向和科技前沿，除了依靠自身技术人员进行研发活动，与上海交通大学、上海大学、宁波工程学院、中国机械总院集团郑州机械研究所有限公司、中机生产力促进中心有限公司等国内高等院校及科研院所也建立了良好的技术交流渠道与合作关系，进一步提升了思进智能技术研发的理论基础和水平。

思进智能先后承担了国家火炬计划、国家科技重大专项（04专项）、科技型中小企业技术创新基金项目、科技部国家重点新产品项目、宁波市重大科技攻关项目、宁波高新区重大科技专项等多项国家及地方重大科研项目；并负责或参与制订国家标准、行业标准4项。2016年9月，思进智能被认定为浙江省专利示范企业。2017年1月，思进智能获批浙江省博士后工作站。2019年12

月，思进智能被认定为国家知识产权优势企业。2020 年 1 月，思进智能被认定为宁波市制造业单项冠军示范企业。2021 年 1 月，“浙江省思进智能冷镦成形装备研究院”被认定为省级企业研究院。2021 年 3 月，浙江省深化“亩均论英雄”改革工作领导小组认定思进智能为浙江省制造业企业“亩均效益领跑者”20 强企业。2021 年 7 月，思进智能成功入选中华人民共和国工业和信息化部公布的第三批专精特新“小巨人”企业。2021 年 8 月，思进智能成功入选 2021 年度宁波市级自动化（智能化）成套装备改造和市级数字化车间/智能工厂项目公示名单。2021 年 8 月，思进智能的多工位冷镦成形装备通过了浙江制造“品字标”的认定，进一步提升了企业的品牌知名度。思进智能的 ZX04-20 高速精密多工位冷镦成形成套装备荣获中国机械工业联合会等部门联合认定的全国机械工业产品质量创新大赛优秀奖。2022 年 5 月，思进智能被宁波高新区工业和信息化局认定为“宁波市三星级绿色工厂”。2023 年 11 月，思进智能被认定为国家知识产权示范企业。截至 2024 年 8 月，思进智能拥有专利 100 项，其中发明专利 27 项；拥有软件著作权 7 项。

思进智能冷成形装备产品曾荣获“国家重点新产品”“中国机械工业名牌产品”“浙江名牌产品”“宁波先进装备制造业省内首台套”等称号，多款产品被授予紧固件行业自主创新优秀新产品特等奖。

思进智能坚持以“树立行业标杆形象，做中国冷成形装备的领跑者”为企业愿景，以“解放生产力，为绿色生产作出技术贡献”为企业使命，恪守“开拓、进取、精诚、奉献”的经营理念，采取“以先进制造技术为核心，以市场需求为导向”的经营策略，立足国内、面向世界，全力将自身打造成为国内领先、具有国际影响力的多工位高速智能冷成形装备供应商，满足客户对整体解决方案和个性化定制的需求。

主要的冷镦机产品	产品图示	特点及用途	用途示例
SJBF 系列多工位自动冷成形装备		该系列机型结构紧凑、性能稳定，配备了夹钳系统自动开启与闭合装置，主要用于制造各类外六角螺栓、内六角螺钉等杆类零件产品	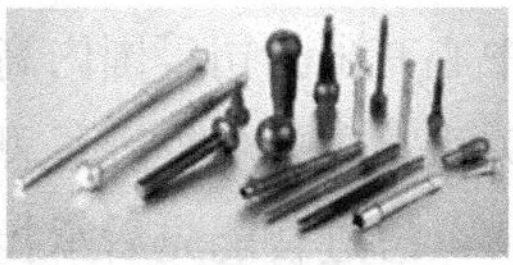 

（续）

主要的冷镦机产品	产品图示	特点及用途	用途示例
SJBP 系列零件多工位自动冷成形装备	 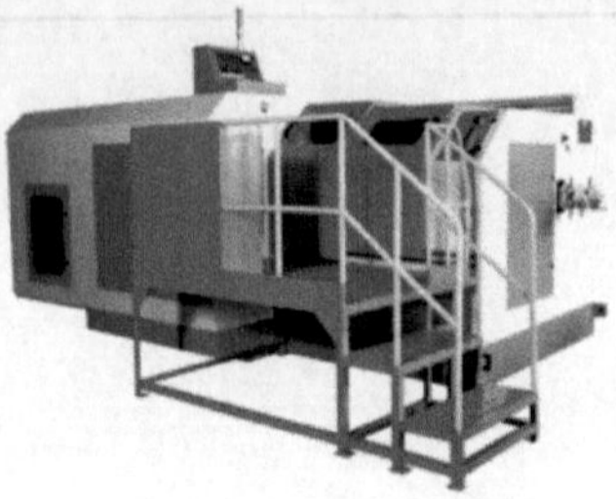	该系列机型与螺栓多工位自动冷镦成形机相比，增加了夹钳系统翻转装置，主要用于制造各类异形件，目前被广泛应用于汽车、船舶、航空航天、建筑、五金等行业	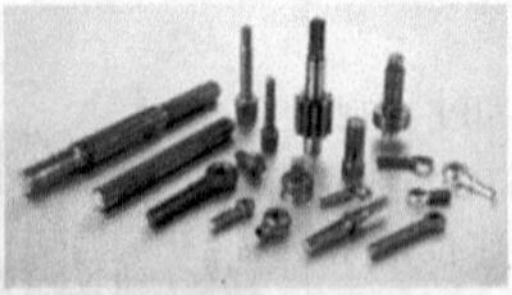  
SJBP（H）系列重型零件冷镦成形机		该系列机型不仅具有 SJBP 系列机型的所有特点，还具有多元化冷镦工艺的结构设计，更加适用于一些复杂、难成形的异形件，广泛应用于汽车、船舶、航空航天、建筑、五金等行业	
SJNF 系列多工位自动冷成形装备	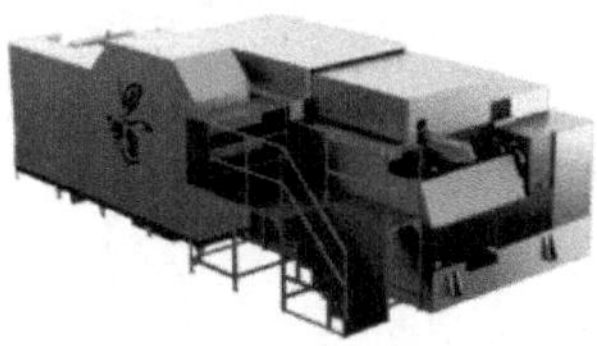	该系列机型结构紧凑、整机传动平稳、噪声低，并配备精密的轴承定位装置，主要用于制造各类螺母、套筒等筒类零件产品	 
SJBSF 系列精密丝杠柔性冷成形机		此系列机型设计结构带有镦、挤一体化功能，主要针对有色金属（铜、铝等）、中/低碳钢的成形、拉孔、束齿	

（续）

主要的冷镦机产品	产品图示	特点及用途	用途示例
SJPF 系列特殊零件多工位自动冷镦复合成形装备		该系列机型采用伺服送料机构，操作便捷，有效结合了 SJBP 系列和 SJNF 系列的功能装置，主要用于制造各类紧固件及异形件，应用范围较广	

参考文献

[1] 徐高春. 面向环保的全自动冷镦机优化研究和系统实现［D］. 上海：上海大学，2011.

[2] 博思数据研究中心. 博思数据：国内外冷镦机技术发展现状及规模分析［EB/OL］.（2014-02-20）［2024-08-14］. http://www.bosidata.com/jixieshichang1402/P74380GVKT.html.

[3] 美国国民机器公司. 产品介绍［EB/OL］. https://www.nationalmachinery.com/.

[4] 日本阪村机械制作所. 产品信息［EB/OL］. https://www.sakamura.org/Chn/products/.

[5] 哈特贝尔金属成型设备公司. 设备与配件［EB/OL］. http://www.hatebur.com/zh/设备与配件/.

[6] 通用技术齐齐哈尔二机床有限责任公司. 关于我们［EB/OL］. http://www.q2jcyxzgs.com/about.html.

[7] 本刊编辑部资料组. 我国第一台高速钢球自动冷墩机［J］. 锻压装备和制造技术，1987，12（2）：47.

[8] 锻压装备和制造技术编辑部. 6毫米高速自动冷镦机正在研制中［J］. 锻压装备和制造技术，1970，5（4）：36.

[9] 胶县锻压机械厂. Z32-28型28毫米钢球自动冷镦机研制成功［J］. 锻压装备和制造技术，1973，8（1）：11.

[10] 魏克亚. Z41-12A型12毫米螺母冷镦机试制成功［J］. 锻压装备和制造技术，1981，16（5）：44.

[11] 刘琦. Z30螺栓多工位自动冷镦机结构简介［J］. 锻压装备和制造技术，1981，16（2）：16-19.

[12] 浙江友信机械工业有限公司. 公司情况［EB/OL］. http://www.zjyeswin.com/aboutus.html.

[13] 内德史罗夫集团. 关于公司［EB/OL］. http://www.nedschroef.com/zh/company.

[14] 中国锻压协会. 2016年3月大事记［EB/OL］.（2017-09-24）［2024-08-14］. http://www.chinaforge.org.cn/info/detail/55-2076.shtml.

[15] 思瀚产业研究院. 2024-2029冷成形装备行业市场现状与未来投资调研报告［EB/OL］. http://www.chinasihan.com/baogao/zb/13039.html.

[16] 思进智能成形装备股份有限公司. 企业简介［EB/OL］. http://www.sijin.cc/about/.

[17] 紧固件工业网. 行业资讯［EB/OL］. http://www.afastener.com/news/hst-1.html.

[18] 何德誉. 曲柄压力机［M］. 北京：机械工业出版社，1981.

[19] 吴丽霞. NF型200吨多工位冷成形机的设计［D］. 哈尔滨：哈尔滨工业大学，2016.

[20] 上海市机械配件工业公司. 多工位冷镦工艺［M］. 北京：机械工业出版社，1975.

[21] 深圳汇川技术股份有限公司. H3U H3S系列可编程逻辑控制器指令及编程手册［EB/OL］. http://www.inovance.com/portal/product/details? productId=55.

[22] 肖志玲. 多工位高速冷镦成形机理及其设备结构优化研究 [D]. 郑州：机械科学研究总院，2015.

[23] 阳林，何德誉. 新型手动快速换模装置 [J]. 锻压技术，1993 (3)：47-48.

[24] 王卫刚，周炳海. 快速换模技术的实践研究 [J]. 机床与液压，2007，35 (5)：4-8.

[25] 刘百宣，肖志玲，刘华，等. 适用于多工位冷镦机离线快速换模的机构：CN 201320562490.5 [P]. 2014-03-19.

[26] 徐明明. 基于桁架结构的多工位冷镦机换模机械手优化设计与仿真分析 [D]. 温州：温州大学，2019.

[27] 曾宪武. 六工位冷镦机辅助换模机器人动力学分析与设计研究 [D]. 温州：温州大学，2017.

[28] 沈文众. 基于压电效应的钢球冷镦成形在线监测系统 [D]. 济南：济南大学，2011.

[29] 叶畅，朱昊，汪木兰，等. 基于 STM32 的冷镦机智能送料机构控制系统研制 [J]. 机床与液压，2016，44 (11)：58-60，65.